本书受宝鸡市科学技术协会项目资助

宝鸡市公民科学素质调查研究
（2009—2020）

刘晓科　杨嘉歆　桑晓靖　编著

北京理工大学出版社
BEIJING INSTITUTE OF TECHNOLOGY PRESS

版权专有　侵权必究

图书在版编目（CIP）数据

宝鸡市公民科学素质调查研究：2009－2020／刘晓科，杨嘉歆，桑晓靖编著．－－北京：北京理工大学出版社，2021.11

ISBN 978－7－5763－0682－8

Ⅰ．①宝… Ⅱ．①刘… ②杨… ③桑… Ⅲ．①公民－科学－素质教育－调查研究－宝鸡－2009－2020 Ⅳ．①G322.741.3

中国版本图书馆 CIP 数据核字（2021）第 230076 号

出版发行／北京理工大学出版社有限责任公司
社　　　址／北京市海淀区中关村南大街 5 号
邮　　　编／100081
电　　　话／（010）68914775（总编室）
　　　　　　（010）82562903（教材售后服务热线）
　　　　　　（010）68944723（其他图书服务热线）
网　　　址／http：//www.bitpress.com.cn
经　　　销／全国各地新华书店
印　　　刷／三河市华骏印务包装有限公司
开　　　本／710 毫米×1000 毫米　1/16
印　　　张／10　　　　　　　　　　　　　　　　责任编辑／武君丽
字　　　数／192 千字　　　　　　　　　　　　　　文案编辑／武君丽
版　　　次／2021 年 11 月第 1 版　2021 年 11 月第 1 次印刷　责任校对／周瑞红
定　　　价／59.00 元　　　　　　　　　　　　　　责任印制／施胜娟

图书出现印装质量问题，请拨打售后服务热线，本社负责调换

前　　言

公民科学素质水平的高低，是一个国家和地区经济社会发展状况的显著标志，同时也是实现可持续发展的有力保障。宝鸡作为"三线"和"一五"时期国家重点建设的工业城市，在改革开放之后，工业体系逐步完备、雄厚产业基础日益彰显、科技创新能力稳步提升。宝鸡获得过"国家创新型试点城市""国家知识产权示范城市"等殊荣，高新技术产业开发区是第一批认定的国家级高新技术产业开发区，这离不开市委市政府对科技创新和科学普及的重视，更离不开宝鸡公民的聪明才智及其科学素质的普遍提高。

为了扎实推进《全民科学素质行动计划纲要》的实施，宝鸡市科学技术协会从2009年起，联合宝鸡文理学院开展宝鸡市公民科学素质调查研究工作，旨在摸清公民科学素质水平状况、剖析科普工作存在的短板和问题、找寻提升公民科学素质水平的路径和方法。本书对十二年来开展的五次调查工作，进行全面回顾和梳理，以期指导未来全民科学素质行动计划工作的开展。

本书共分为十章。第一章为绪论，从总体上概述公民科学素质调查的背景、意义，以及国内外的实践；第二章为公民科学素质概论，从内涵界定、理论分析和实践探索三个方面，全面剖析公民科学素质；第三章为公民科学素质的标准与测度，主要从科学素质评价的理论与实践展开，介绍 Miller 法体系和基准法体系；第四章为2020年宝鸡市公民科学素质调查方案，以宝鸡市第五次公民科学素质调查为例，从背景意义、重点人群、调查方法与评价体系、调查方式、样本容量与分配以及进度安排六个方面就科学素质调查实施方案予以介绍；第五章为宝鸡市第五次公民科学素质调查方案综述，包括调查数据分析结果、描述性统计及科学素质整体水平等方面；第六章为分维度科学素质评价，按照样本不同属性维度和科学素质评价维度两个方面，展开科学素质评价对比分析；第七章为公民获取科技信息及参与科普活动情况分析，从影响公民科学素质水平的角度，分析公民获取科技信息及参与科普活动的情况；第八章为宝鸡市公民科学素质调查回顾，从纵向对比的角度，围绕调查内容、样本人群、评价方法等方面，对2009年以来开展的五次调查进行回顾梳理分析；第九章为宝鸡市公民科学素质建设存在的问题，提出了分布不均衡、发展有短板、意愿不强烈等公民科学素质建设过程中出现的主要问题；第十章为提升宝鸡市公民科学素质的政策建议，通过分析公民科学素质提高的主要制约因素，从政府、高校、企业、社会、重点人群等方面，提出对策建议；附录部分为调查问卷和公民科学素质基准，以及500道测试题，可供广大读者学习参考，这也是本书作为科普读本的主要体现。

本书是横向合作研究课题（项目编号：2019-SKHX110）的研究成果之一，由刘晓科副教授主笔，杨嘉歆副教授、桑晓靖教授参与了部分内容的编写。

在调查、研究和撰稿过程中，得到了宝鸡市科学技术协会及各县区科协领导和工作人员的协助，在问卷发放、资料收集等方面做了大量工作，在此一并表示衷心的感谢。

书中部分内容参阅借鉴了同行作者的文献成果，书后附有参考文献，在此表示诚挚的谢意。同时，由于研究和实践水平有限，不可避免存在错误和不足之处，真诚希望能得到读者的批评指正。

编　者

2021年8月

目 录

第一章　绪论 …………………………………………………………（001）
第二章　公民科学素质概论 …………………………………………（003）
　第一节　对于公民科学素质理论的研究 ……………………………（003）
　第二节　对于公民科学素质调查实践的研究 ………………………（004）
第三章　公民科学素质的标准与测度 ………………………………（006）
　第一节　Miller 法体系 ………………………………………………（006）
　第二节　基准法体系 …………………………………………………（007）
第四章　2020年宝鸡市公民科学素质调查方案 ……………………（010）
　第一节　背景意义 ……………………………………………………（010）
　第二节　调查人群 ……………………………………………………（010）
　第三节　调查方法与评价体系 ………………………………………（011）
　第四节　调查方式 ……………………………………………………（011）
　第五节　调查样本容量与分配 ………………………………………（011）
　第六节　进度安排 ……………………………………………………（011）
第五章　宝鸡市第五次公民科学素质调查方案 ……………………（013）
　第一节　调查概述 ……………………………………………………（013）
　　一、调查人群 ………………………………………………………（013）
　　二、调查方法与评价体系 …………………………………………（013）
　　三、调查方式 ………………………………………………………（013）
　　四、调查内容 ………………………………………………………（013）
　　五、调查结果 ………………………………………………………（014）
　第二节　样本描述性统计分析 ………………………………………（014）
　　一、样本县区及企业分布 …………………………………………（014）
　　二、样本性别构成 …………………………………………………（014）
　　三、样本年龄分布 …………………………………………………（015）
　　四、样本人群分布 …………………………………………………（015）
　第三节　宝鸡市公民科学素质水平稳步提升 ………………………（016）
　　一、宝鸡市公民科学素质水平稳步提升 …………………………（016）
　　二、各县区公民科学素质水平普遍大幅提升 ……………………（017）

三、区域公民科学素质发展优势明显 …………………………………………（017）
第六章　分维度科学素质评价 ……………………………………………………（018）
　第一节　城乡居民的科学素质均有明显提升 ………………………………………（018）
　第二节　女性公民的科学素质水平增速首次高于男性公民 ………………………（018）
　第三节　各年龄段公民的科学素质水平均有不同程度提升 ………………………（019）
　第四节　不同文化程度的差异分析 …………………………………………………（020）
　第五节　五大重点人群的对比分析 …………………………………………………（020）
　第六节　具备科学素质公民的群体特征 ……………………………………………（021）
　第七节　公民科学素质基准分维度达标情况 ………………………………………（023）
　第八节　公民对科学术语和科学观点的理解 ………………………………………（024）
　第九节　公民对科学方法的理解 ……………………………………………………（026）
　第十节　公民对科学技术与社会关系的理解 ………………………………………（027）
第七章　公民获取科技信息及参与科普活动情况分析 …………………………（028）
　第一节　互联网及社会化新媒体成为公民获取科技信息主渠道 …………………（028）
　　一、公民获取科技信息的渠道 ……………………………………………………（028）
　　二、公民对信息渠道的信任 ………………………………………………………（028）
　　三、宝鸡市公众一周时间内接触媒介的频率 ……………………………………（029）
　第二节　公民利用科技场馆和参加科普活动的机会增多 …………………………（030）
第八章　宝鸡市公民科学素质调查回顾 …………………………………………（032）
　第一节　量表及问卷的设计 …………………………………………………………（032）
　第二节　调查对象的选取及样本容量的确定 ………………………………………（033）
　　一、样本容量的确定 ………………………………………………………………（033）
　　二、调查对象的确定 ………………………………………………………………（034）
　　三、抽样方法的选取 ………………………………………………………………（034）
　第三节　历次公民科学素质水平纵向对比分析 ……………………………………（035）
　第四节　基于人群的公民科学素质对比分析 ………………………………………（036）
　第五节　基于地域的公民科学素质对比分析 ………………………………………（037）
　第六节　基于性别的公众科学素养对比分析 ………………………………………（038）
　第七节　公众对基本科学观点理解的对比分析 ……………………………………（039）
第九章　宝鸡市公民科学素质建设存在的问题 …………………………………（041）
　第一节　科学素质人群分布不均衡 …………………………………………………（041）
　第二节　公民科学素质分维度达标存在短板 ………………………………………（041）
　第三节　公众参与科普活动的意愿不高 ……………………………………………（041）
第十章　提升宝鸡市公民科学素质的政策建议 …………………………………（043）
　第一节　加强党的领导，发挥政府在公民科学素质培养工作的主导作用
　　　　………………………………………………………………………………（043）

  第二节 关注重点人群，强化乡村振兴人才支撑……………………（043）
  第三节 创新科普渠道，加大新媒体科普宣传力度………………（043）
  第四节 依托社团组织，壮大科普志愿者队伍………………………（044）
  第五节 扎实持续跟踪，完善监测评估体系…………………………（044）
  第六节 加强政校合作，发挥科研平台整合资源作用………………（044）

附录1 2020年宝鸡市公民科学素质调查问卷……………………………（045）

附录2 2020年宝鸡市公民科学素质调查样本分配表……………………（056）

附录3 调查掠影………………………………………………………………（065）

附录4 《中国公民科学素质基准》…………………………………………（085）

附录5 《中国公民科学素质基准》题库（500题）…………………………（094）

参考文献………………………………………………………………………………（150）

第一章
绪论

在科学技术日新月异，信息化、全球化浪潮全面来临的新时代，促进科学技术、社会与人的和谐发展，促进公民科学素质的整体提高，实现人的全面发展，越来越成为人类文明进步的基石。习近平总书记在2016年全国科技创新大会、两院院士大会、中国科协第九次全国代表大会上的讲话中指出，"没有全民科学素质的普遍提高，就难以建立起宏大的高素质创新大军，难以实现科技成果快速转化。""科技创新、科学普及是实现创新发展的两翼，要把科学普及放在与科技创新同等重要的位置。""希望广大科技工作者以提高全民科学素质为己任，把普及科学知识、弘扬科学精神、传播科学思想、倡导科学方法作为义不容辞的责任，在全社会推动形成讲科学、爱科学、学科学、用科学的良好氛围，使蕴藏在亿万人民中间的创新智慧充分释放、创新力量充分涌流。"公民科学素质的水平是建设创新型国家、建设世界科技强国的人力资源基础。定期开展公民科学素质调查，是加强公民科学素质监测评估和服务公民科学素质建设的重要手段。

公民科学素质监测评估始于美国，1957年美国开始了公民对科学技术态度的首次抽样调查，以期了解公民对科学技术的兴趣和态度，目的是提高公民对科学技术的支持。从20世纪70年代开始，美国每两年开展一次公民科学素质抽样调查，随后加拿大、英国、韩国、日本等众多国家和地区也开展了科学素质调查工作。我国于1992年开始中国公民科学素质抽样调查，截至2020年，已经开展了十一次调查，这不仅有力地推动了公民科学素质建设工作，而且调查的指标和数据结果均以独立章节的形式纳入《中国科学技术指标（黄皮书）》，进而参与国际科学技术指标的比较评价，为我国科技发展和科技决策提供了持续稳定的基础数据和量化依据。

我国公民科学素质监测评估虽然晚于发达国家，但从20世纪90年代以来，不断创新科学素质监测理论和方法，不断完善科学素质提升体系，并且以大国担当的姿态在人类命运共同体建设、人类可持续发展方面与国际相关组织保持密切接触和交流联系。我国于2018年举办首届世界公民科学素质促进大会，来自38个国家、23个国际科技组织、境内外有关方面的代表1 000余人参加大会。大会以"科学素质与人类命运共同体"为主题，倡议消弭全球科学素质鸿沟，通过深入探讨共商、共建、共享、共促机制，促进知识成果与科技文明为全人类共享，大会发布了《世界公民科学素质北京宣言》。中国科协此后一直致力于贯彻落实该宣言的精神，持续强化世界公民科学素质促进大会品牌，推进世界公民科学素质组织建设。2019 年召开的第二届世界公民科学素质促进大会，各国科技组织共同签署《圆桌会议合作备忘录》，形成共同发起成立世界公民科学素质组织的"北京路线图"。2020 年召开的第三届世界公民科学素质促进大会，来自全球各地 19 个国家和地区科技组织的代表参会，正式成立了世界公民科学素质组织筹备委员会，并商讨下一步国际科学素质建设合作项目事宜。

在 2006 年国务院颁布实施《全民科学素质行动计划纲要（2006—2010—2020 年）》（简称《科学素质纲要》）后，从 2007 年开始，中国公民科学素质调查被正式纳入国家统计局的部门统计制度序列，并给予"国统制"的批准文号，使这项调查的核心指标承载在《科学素质纲要》实施中，肩负着对全国和各地区公民科学素质发展状况和发展水平监测评估的任务。为更好地响应新时代提高公民科学素质的新要求，全面实施公民科学素质监测评估的新方法，完善公民科学素质共建共享的新理念，同年，宝鸡市科学技术协会着手策划宝鸡市公民科学素质调查工作，随后与宝鸡文理学院合作，从学习调研国内外及兄弟省市的实践经验，到调查方案确定和调查问卷设计，于 2009 年启动了宝鸡市首次公民科学素质调查工作，并确定了每三年开展一次调查的公民科学素质监测长效机制，截至 2020 年，共开展了五次调查。调查工作具有样本数量多、涉及面广、人群针对性强、评价体系科学、问卷内容更具时代性、调查与科普并重等特点。

为了进一步梳理、完善、优化公民科学素质评价体系，更好地服务于宝鸡经济社会发展，需要回顾十二年来开展的五次调查工作，因此，本书将从公民科学素质内涵的形成演变到公民科学素质评价的维度基准，从调查方式到数据分析，从问题剖析到政策建议等诸多方面深入研究公民科学素质问题。以期建立适合地方城市的公民科学素质调查评估监测体系，为进一步开展科学普及提供数据支撑和路径建议。

第二章
公民科学素质概论

当前关于公民科学素质的研究，学界和政府各有侧重，且以政府为主导，尤其是公民科学素质评价理论和体系的构建，这些都源于对公民科学素质内涵的认知和界定以及国外科学素质评价体系的中国化探索。

第一节 对于公民科学素质理论的研究

对任何社会现象、文化现象的研究，一般是首先对某一个社会群体的隐性或者显性现象进行观察，然后提出一种或者几种概念。这些概念经过长时间的讨论，逐步形成多数人认可的概念，这些概念由术语作为象征符号。但是，社会学研究是在一定的社会和文化特定语境中进行的，因此，社会学家、文化现象研究者一定会受到其生活的语境、教育背景和特定政治文化环境的影响，从而影响其对某个术语所赋予的概念的形成。鉴于各个国家的特定国情、教育思想、科学传播思想、政治制度等的差异，其对科学素质的解释各不相同。

现代对科学素质概念的讨论是从20世纪50年代末开始的，起因是苏联成功发射了第一颗人造卫星"Sputnik"，引发了美国关于科学技术教育危机、科学技术落后、以及公民对科学技术的支持程度的担忧。同时，日本等国家在第二次世界大战后迅速发展，也引发了美国的担忧。1960年，美国科学家沃特曼（Alan T. Waterman）认为："科学的进步在相当大程度上取决于公民的理解和对持续不断的科学教育和研究计划的支持"。对科学素质概念的构建经历了复杂和困难的认知过程，从Paul Hurd（1958）开始，到Robert E. Yager（1983）、J. D. Miller（1983）、Deboer（1991）、John Durant（1992）和Shamos（1995），一直在讨论公民科学素质是什么。

B. shen（1975）提出三类不同性质的科学素质，即实用的科学素质（practical scientific literacy）、公民的科学素质（civic scientific literacy）和文化的科学素质（cultural scientific literacy）。Miller（1983）在《科学素质：概念的与经验的回顾》（*Scientific literacy: A conceptual and empirical review*）一文中第一次提出公民科学素质（civic scientific literacy）的概念，他认为公民科学素质包括三个相关的维度，即"具备科学基本词汇足以阅读报纸或杂志的不同观点，对科学探究的过程或本质的理解，对科学技术、对个人和对社会的影响的认识水平"，即如今被广泛用于公民科学素质调查的三维模型（科学知识、科学方法和过程、科学与社会间的关系）。张晓芳（2003）通过对 Miller 不同时期的几篇重要论文的系统分析，认为 Miller 的 PUS（Public Understanding of Science，即公民理解科学）研究思路经历了热心公民理论—科学素质概念—公民科学素质测量等三个阶段，揭示了公民科学素质研究的理论基础。吴晨生等（2009）指出科学素质、科技传播与科学教育三位一体的互动关系，认为充分发挥科技传播的社会功能，全方位加强和普及科学教育，是提升公民科学素质的路径选择。李红林（2010）以 Miller 法体系为线索，探究了公民理解科学的理论演进过程，认为以 Miller 法体系的测量对象为起点，对公民的认知经历了从单一的、消极的、独立于情境的公民观向多元化的、积极的、置于情境之中的公民观的转变。何薇（2019）认为，"四科两能力"框架的确立，标志着这一概念的中国内涵正式确立。黎娟娟等（2020）认为，科学素质是社会治理两大主体——政府和公民的微观能力基础。具体而言，公务员的科学素质会影响到其对社会风险认知、科学决策、规范行政和治理技术的应用；公民科学素质会影响到公民的参与意识、法治意识和参与社会治理的能力。

  从以上观点，可以看出公民科学素质的概念形成是一个长期演变的过程，是一个历史条件要求所导致的概念的讨论，最后形成大家共识的过程。科学素质的绝对定义要求每个人都具备科学知识、科学技术技能和对科学的支持态度。但是，要确定一个绝对的科学素质的定义的想法本身是不现实的。科学素质的目的取决于其将要发挥作用的社会语境。Miller 认为，科学素质是多维的概念，界定科学素质的概念不是一门精确的科学，而是一种评价。科学素质应该被看作是社会公民和消费者所应该具备的最基本的对于科学技术的理解。

第二节 对于公民科学素质调查实践的研究

  J. D. Miller（1998）对公民科学素质测定的结构进行了描述，强调测定应注重公民对科学技术的理解和态度，并对美国、丹麦等国公民科学素质水平进行了对比分析。陈发俊（2009）在分析我国公民科学素质测评现状及存在问题的基础上，对 Miller 法体系的通用性提出了质疑，认为应该依据中国国情确立公民科学素质基准，测评公民科学素质应强调"功用性科学素质"，提高公民的科学意识比增加他们的科学知识更重要。李大光（2009）通过回顾我国公民科学素质调查研究的历程，认为我国科学素质概念形成的过程是建立在被动弥补的基础上，而不像西方国家是基于主动参与提升的，这也就决定了公民科学素质调查不能很好地为政府决策服务。金勇进（2011）较为系统地指出了现行三维度评价法的缺陷，提出了改进方法，将科学素质的测算比例改为科学素质综合得分，划分了较为灵活的层次，赋予不同难度的权重等。滕明雨（2012）认为，构建不同人群科学素质测评指标体系时，应强调测评对象的异质性，指标体系应兼顾科学素质的共性要求与特定人群的个性特征。任磊（2013）利用验证性因子分析（Confirmatory Factor Analysis，CFA）抽取公民对科技的兴趣度、参与度和科技信息来源等因子，利用结构方程模型（Structural Equation Model，SEM）构建中国公民科学素质及其影响因素模型，并进行模型的信度、效度检验，定量分析了教育、大众媒体、科普场馆和设施等因素对中国公民科学素质的影响。通过与美国学者构建的相应模型进行比较，分析不同社会语境公民科学素质的影响因素特点，提出有效提高中国公民科学素质水平的模式和途径。

刘永泉（2016）认为，在量表和调查问卷制作方面，我国学者一直坚持借鉴国外成熟调查问卷与本国实际相结合的方式，在问卷的编制方面也考虑了中国特有的传统文化，但调查问卷的本土化又导致了国内不同区域调查问卷的不一致，不利于国内公民科学素质调查结果的横向和纵向对比。高宏斌（2016）认为，基于《中国公民科学素质基准》，重点人群科学素质标准在新技术条件下和社会发展新阶段应不断丰富其内涵和外延。何薇（2019）认为，我国公民科学素质测评体系的发展经历了从跟跑、并跑、领跑的三个主要阶段，依据中国科普研究所组织编写的《全民科学素质学习大纲》开发中国公民科学素质测试题库，在进行了大量论证和实验的基础上，发展和完善了基于"知识"和"能力"两个层面六个维度的测评体系。

我国自20世纪90年代初引入Miller法体系之后，随着《科学素质纲要》的实施和持续的中国化实践，测评指标体系和测评内容经过不断改进和创新，目前已发展和完善成为基于"知识"和"能力"两个层面六个维度的测评体系。经过近年来持续的测试，这套测评体系具备良好的延续性和稳定性，既能很好地反映各地区公民科学素质的发展状况和不同的人群特征，也能够精准地反映各地区公民科学素质水平稳步提升的状况。

第三章
公民科学素质的标准与测度

第一节 Miller 法体系

1989年，欧洲在英国学者杜兰特（John R. Durant）的带领下，与Miller首次合作开展了欧洲15个国家的公民科学素质调查，取得了重要的数据和研究结果。在此调查的基础上，形成了一套经典的科学素质测评量表和计算方法，即Miller法体系，其中科学素质测评题目共16道，包含13个科学知识题（科学观点和术语）和3个科学方法题；公民科学素质的判定方法为上述题目的总体得分，超过一定得分的受访者即判定为具备科学素质公民，进而用具备科学素质公民的比例表征群体公民的科学素质水平。

按照 Miller 法体系的三个维度，即对科学术语和科学基本观点的理解程度、对科学研究方法和过程的理解程度、对科学技术社会影响的理解程度，分别计算具备科学素质的达标率，再进一步计算同时达到这三个维度要求的总体达标率。

维度1：对科学术语和科学基本观点的理解程度——达标率。根据国际通用标准，能正确回答规定的九道题（以宝鸡市2020年调查为例，具体指问卷中的201题的 a、b、c、d、e、f、g、h、i，问卷见附录1）中的六道题及以上，即认为对科学术语和科学基本观点的理解达到标准水平，达标率指达到标准水平的人数所占的比重。

维度2：对科学研究方法和过程的理解程度——达标率。根据国际通用标准，能正确判断科学研究方法，反对迷信，完全不相信算命（具体指问卷中的202、203、204题），答对全部七道题，即认为对科学研究方法和过程的理解达到标准水平，达标率指达到标准水平的人数所占的比重。

维度3：对科学技术社会影响的理解程度——达标率。根据国际通用标准，能正确回答"抗生素能杀死病菌也能杀死病毒（错）""所有放射性现象都是人为造成的（错）""遗传病的可能性为1/4""新基建"（具体指问卷中的201g、201o、205、216题，问卷见附录1）这四道题中的至少三道题，即认为对科学技术社会影响的理解达到标准水平，达标率指达到标准水平的人数所占的比重。

总指标：公民总体科学素质水平——达标率。根据国际通用标准，以上三个指标同时达到标准，即认为科学素质达到标准水平，达标率指达到标准水平的人数所占的比重。

综上，宝鸡市 2009 年、2012 年和 2015 年三次调查测评均是按照 Miller 法体系，具有一定的科学性和延续性。按照三个维度分别测评，每一个维度均对应特指的问题和相应国际通用的量表，当符合一定正确率，该维度即为达标，最后当三个维度均达标，该样本个体即为具备基本科学素质，最后把符合该条件的个体计数，算出其占总样本的比例，即为总体公民科学素质水平。该测评方法的优点是全面客观，缺点是涉及知识面较窄，代表性尚有不足。这也导致调查时所用问卷，虽进行一定修改完善，但涉及"必考题目"没有变化，问卷的优化并不能体现在最终结果的评价中。

第二节 基准法体系

我国 2006 年颁布的《全民科学素质行动计划纲要 (2006—2010—2020 年)》在组织实施的"监测评估"部分，提出要制定《中国公民科学素质基准》，"提出公民应具备的基本科学素质内容，为公民提高自身科学素质提供衡量尺度和指导，并为《科学素质纲要》的实施和监测评估提供依据。"

公民科学素质包括"四科两能力"，即"公民具备基本科学素质一般指了解必要的科学技术知识，掌握基本的科学方法，树立科学思想，崇尚科学精神，并具有一定的应用它们处理实际问题、参与公共事务的能力。" 26 条基准、132 条基准点，大致可以按照试测的框架，分为科学生活能力、科学劳动能力、参与公共事务能力、终身学习与全面发展能力四个领域。中国公民科学素质基准如表 3-1 所示。

表 3-1 中国公民科学素质基准表

序号	基准内容	基准点	宝鸡市 2009—2015 年前三次测评题项是否涉及基准内容
1	知道世界是可被认知的，能以科学的态度认识世界	5 个	是
2	知道用系统的方法分析问题、解决问题	4 个	是
3	具有基本的科学精神，了解科学技术研究的基本过程	3 个	是
4	具有创新意识，理解和支持科技创新	6 个	部分

续表

序号	基准内容	基准点	宝鸡市2009—2015年前三次测评题项是否涉及基准内容
5	了解科学、技术与社会的关系，认识到技术产生的影响具有两面性	5个	是
6	树立生态文明理念，与自然和谐相处	4个	部分
7	树立可持续发展理念，有效利用资源	4个	部分
8	崇尚科学，具有辨别信息真伪的基本能力	3个	是
9	掌握获取知识或信息的科学方法	4个	否
10	掌握基本的数学运算和逻辑思维能力	6个	否
11	掌握基本的物理知识	8个	是
12	掌握基本的化学知识	6个	是
13	掌握基本的天文知识	3个	是
14	掌握基本的地球科学和地理知识	6个	是
15	了解生命现象、生物多样性与进化的基本知识	7个	是
16	了解人体生理知识	4个	否
17	知道常见疾病和安全用药的常识	10个	部分
18	掌握饮食、营养的基本知识，养成良好生活习惯	7个	否
19	掌握安全出行基本知识，能正确使用交通工具	3个	否
20	掌握安全用电、用气等常识，能正确使用家用电器和电子产品	3个	否
21	了解农业生产的基本知识和方法	5个	否
22	具备基本劳动技能，能正确使用相关工具与设备	5个	否
23	具有安全生产意识，遵守生产规章制度和操作规程	6个	否
24	掌握常见事故的救援知识和急救方法	5个	部分
25	掌握自然灾害的防御和应急避险的基本方法	3个	部分
26	了解环境污染的危害及其应对措施，合理利用土地资源和水资源	7个	部分

测评时从 132 个基准点中随机选取 50 个基准点进行考察，50 个基准点需覆盖全部 26 条基准，根据每条基准点设计题目，形成调查题库。测评时，从 500 道题库中随机选取 50 道题目（必须覆盖 26 条基准）进行测试，形式为判断题或选择题，每题 2 分，正确率达到 60% 视为具备基本科学素质。

基于《中国公民科学素质基准》的测评方法（简称"基准法"）与 Miller 法体系相比，有以下几个方面优点：首先，基准法更为全面，而且是基于内容的测评，针对每一个基准点可以提供很多类似的问题；其次，基准法测评计算简化，直接以 50 道测试题的正确率是否超过 60% 为标准计算；再次，基准法更为灵活，随着经济社会发展、科学技术进步，新知识不断涌现，只需更新相应基准点题库即可；最后，基准法更为权威，适合中国国情。

《中国公民科学素质基准》从 1999 年酝酿，2007 年开始起草，后通过六省市试测后，通过三轮、二十多次大范围讨论修订完善，于 2016 年 4 月颁布。不过基准法目前还没有确定一套标准量表，仍然是边调查边调整优化，不同于 Miller 法体系的固定国际通用量表。

因此，回顾宝鸡市五次公民科学素质调查工作，前三次调查均采用 Miller 法体系，而 2018 年和 2020 年两次采用基准法，同时也保留了 Miller 法体系，目的是为了保持公民科学素质监测的纵向延续可比性，同时便于对比分析两大体系的联系。宝鸡市前三次调查所采用的 Miller 法体系对照基准法是存在一定缺陷的（宝鸡市前三次调查都是在 2015 年之前完成的，而《中国公民科学素质基准》2016 年才出台），为了推动宝鸡市公民科学素质调查工作再上新台阶，必须与时俱进，与国家层面的调查方法相一致，这也是未来宝鸡市科普工作的方向，今后需要依据《中国公民科学素质基准》和借鉴国家层面发布的标准量表开发相应题库，并且把宝鸡市特色融入其中，探索出一整套适合宝鸡的公民科学素质测评体系。

第四章
2020年宝鸡市公民科学素质调查方案

第一节 背景意义

宝鸡市在2009年、2012年、2015年、2018年进行了四次公民科学素质调查研究，时间横跨"十一五""十二五""十三五"三个时期，2020年是"十三五"收官之年，也是《宝鸡市全民科学素质行动计划纲要（2006—2010—2020）》实施工作及成效的总结之年，在2020年进行第五次调查研究，具有十分重要的现实意义。同时，十九大以后，我国公民科学素质水平的提升成为各级政府关注的大事，这是宝鸡市"四城建设"战略目标能否实现的关键，也是科学评价当前和谋划未来（2021—2030）全民科学素质行动计划的依据，具有十分重要的理论和实践价值。

第二节 调查人群

本次调查依然沿用2018年第四次调查时的人群分类，即按照"青少年、农民、城镇劳动者、领导干部和公务员、企业专业技术人员"五大重点人群分类。

1. 青少年：主要指年龄在22周岁以下的在校阶段青少年，包括小学生、初中生、高中生、大学生。在调查中分别选取小学四年级、初中八年级、高中二年级以及在校大学生。

2. 农民：指户口登记在农村为农业户口，且以从事农业劳动为主要生活来源的公民，包括一般纯农业生产人员（种植、养殖户）、农业生产村领导干部（村干部）、忙时务农闲时进城务工的人员、农村中各类服务业从业人员（主要指生活性服务业从业人员，如餐饮、理发、超市等从业人员），年龄为18~69周岁。

3. 城镇劳动者：指在城镇企业单位工作的城镇居民、个体工商户，以及以在城镇务工为主要生活来源的农村进城务工人员。年龄为18~69周岁，包括商业及服务业一线从业人员、工业生产性企业操作工人、各类专业技术人员（企事业单位从事专业技术工作的人员）、各类行政管理人员（企事业单位从事管理的人员)、社区居民(指生活在城镇社区中未从事具体工作的成员,包括退休人员、待业青年人、家庭主妇等)。

4. 领导干部和公务员:指在乡镇级及以上政府担任一定职务,具有事业编制或行政编制的工作人员,包括市级领导、县处级领导、乡科级领导、一般公务人员。

5. 企业专业技术人员:指重点工业企业(不包括"城镇劳动者"人群中的专业技术人员)中的管理人员、研发人员、一线生产操作人员等,年龄为18~69周岁。

第三节 调查方法与评价体系

宝鸡市第五次公民科学素质调查研究拟采用"基准法"作为评价体系,"基准法"问卷设计体系见附录2。

第四节 调查方式

调查方式采用问卷调查法。此次调查采用"入户+集中"调查相结合的方式,调查团队前期组织各县区科协工作人员进行调查业务培训,鉴于疫情防控需要,此次调查没有组织大学生全程跟踪调查。

第五节 调查样本容量与分配

在样本选取上,采用分层三阶段不等概率抽样,即以全市为总体、以各县区单位为子总体进行抽样;在各子总体内采取分层三阶段PPS(Probability Proportional to Size 概率与规模成比例)抽样,样本容量为2 150。

第六节 进度安排

1. 调查方案设计阶段,2020年6月1—30日。
这一阶段主要进行调查方案的设计、讨论、修改;调查问卷的全新设计、讨论、修改。

2. 调查方案培训阶段,2020年7月1—15日。
这一阶段主要进行各县区调查指导员和科协工作人员集中培训。

3. 调查实施阶段,2020年7月16日—8月31日。
这一阶段按照人群及样本分配数额进行调查。

4. 数据采集整理、分析阶段,2020年9月1—30日。

这一阶段的工作包括原始数据的录入、整理；按照"基准法"做数据分析。

5. 撰写报告阶段，2020年10月1日—11月30日。

这一阶段主要将调查过程、数据分析结果、政策建议等形成最终的研究报告。

第五章
宝鸡市第五次公民科学素质调查方案

第一节　调查概述

一、调查人群

此次调查，按照《全民科学素质行动计划纲要实施方案（2016—2020年）》要求，结合宝鸡市经济社会发展实际，按照"青少年、农民、城镇劳动者、领导干部和公务员、企业专业技术人员"五大重点人群分类，在问卷设计、样本分配、数据分析中均考虑了人群特点。

二、调查方法与评价体系

此次调查继续沿用基准法评价体系。从《中国公民科学素质基准》132个基准点中随机选取50个基准点进行考察，50个基准点覆盖21条基准，根据每条基准点设计题目，形成调查题库。测评时，从500道题库中随机选取50道题目进行测试，题型为判断题和选择题，每题2分，按照正确率统计得分，依据总分划段评价公民的科学素质水平。

三、调查方式

调查方式采用问卷调查法。在样本选取上，采用分层三阶段不等概率抽样。即以全市为总体、以各县区单位为子总体进行抽样；在各子总体内采取分层三阶段PPS抽样，样本容量为2 150。此次调查采用"入户＋集中"调查相结合的方式，调查团队前期组织各县区科协工作人员进行调查业务培训，鉴于疫情防控需要，此次调查没有组织大学生全程跟踪调查。

四、调查内容

《中国公民科学素质基准》沿用了公民科学素质"四科两能力"的说法，即"公民具备基本科学素质一般指了解必要的科学技术知识，掌握基本的科学方法，树立科学思想，崇尚科学精神，并具有一定的应用它们处理实际问题、参与公共事务的能力。"按照试测的框架,分为科学生活能力、科学劳动能力、参与公共事务能力、终身学习与全面发展能力四个领域。

五、调查结果

本次共发放问卷2 150份,回收问卷2 143份,有效问卷2 042份。问卷回收率99.7%,问卷有效率95.0%。

本次调查结果显示:2020年宝鸡市公民具备科学素质的比例为10.65%,即100人中有近11人具备科学素质,相较于2018年的9%,增幅为18.33%。宝鸡市公民科学素质水平已经超过2020年既定10%的目标("十三五"国家科技创新规划提出,到2020年我国公民具备科学素质比例超过10%),圆满完成《全民科学素质行动计划纲要(2006—2010—2020)》确定的各项目标任务。

第二节 样本描述性统计分析

一、样本县区及企业分布

此次调查回收的2 042份有效问卷共涉及15个样本,含13个县区和企业、市级机关公务员,县区分别是渭滨区、金台区、陈仓区、凤翔区、高新区、岐山县、扶风县、眉县、麟游县、千阳县、太白县、陇县、凤县,样本数量分布如图5-1所示。

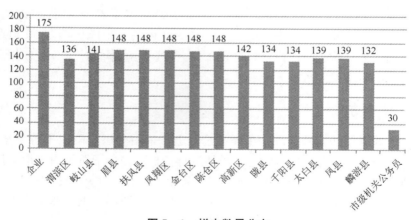

图5-1 样本数量分布

二、样本性别构成

抽取的样本中有男性1 104人,女性938人,男性有效百分比为54.10%,女性有效百分比为45.90%,样本男女比为117.7∶1,符合人口总体性别比特征,具体如图5-2所示。

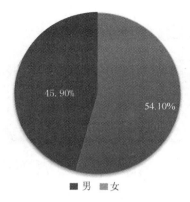

图 5-2　样本性别构成

三、样本年龄分布

为方便处理数据，将样本依据不同的年龄阶段划分为青少年、青年、中年、老年四个层次，有效数据在四个层次的占比情况分别为青少年 10.1%、青年 44.3%、中年 40.8%、老年 4.8%，其中以青年和中年为重点，青年与中年的占比合计高达 85.1%，远超其他年龄层次，样本年龄区间分布如图 5-3 所示。

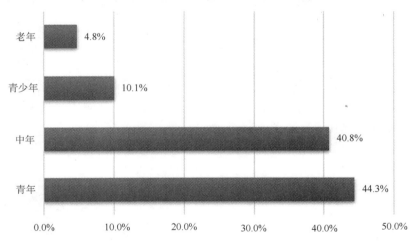

图 5-3　样本年龄区间分布

四、样本人群分布

本次抽样调查的样本来源广泛，包括青少年、农民、城镇劳动者、领导干部和公务员、企业专业技术人员五大人群，样本人群分布如图 5-4 所示，其中农民和城镇劳动者占样本的大多数，农民占比 26.4%、城镇劳动者占比 29.6%，占比合计超过 50%；青少年占比最少，为 12.2%；企业专业技术人员、领导干部和公务员居中，分别为 18.0%、13.7%。

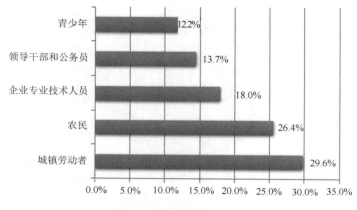

图 5-4　样本人群分布

第三节　宝鸡市公民科学素质水平稳步提升

一、宝鸡市公民科学素质水平稳步提升

进入新时代，在《全民科学素质行动计划纲要（2006—2010—2020）》的指引下，宝鸡市公民科学素质水平持续稳步提升。2020 年宝鸡市公民具备科学素质的比例达到 10.65%，比 2018 年的 9.00% 提高了 1.65 个百分点，增幅达 18.30%，圆满完成"十三五"公民科学素质发展目标。与 2020 年中国科协组织的第十一次中国公民科学素质抽样调查结果相比，宝鸡市公民科学素质水平高于全省平均水平 10.13%，略高于全国平均水平 10.56%。宝鸡市公民科学素质发展状况（2009—2020 年）如图 5-5 所示。

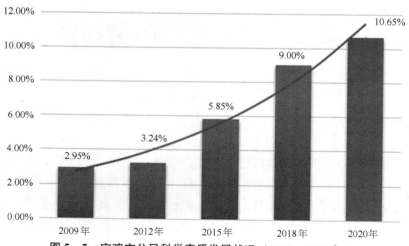

图 5-5　宝鸡市公民科学素质发展状况（2009—2020 年）

二、各县区公民科学素质水平普遍大幅提升

宝鸡市各县区的公民科学素质水平均有不同幅度的提升，呈现出与经济社会发展相匹配的特征，有4个县区超过全市平均水平。各县区公民科学素质发展状况对比如图5-6所示。

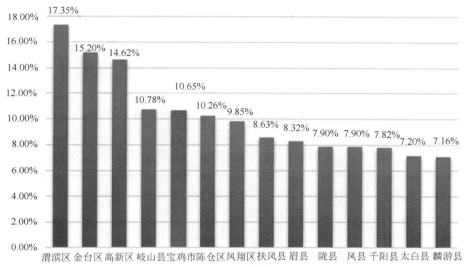

图5-6　各县区公民科学素质发展状况对比

三、区域公民科学素质发展优势明显

不同区域的公民科学素质发展呈现出与经济社会发展相匹配的特征。从我市地区划分来看，市辖区（金台区、渭滨区、陈仓区、凤翔区、高新区）公民科学素质领先，达到13.74%，平原县（岐山县、眉县、扶风县）达到9.28%，山区县（太白县、凤县、麟游县、千阳县、陇县）达到7.60%。公民科学素质发展状况区域差异如图5-7所示。

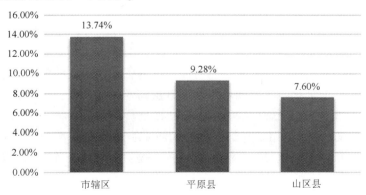

图5-7　公民科学素质发展状况区域差异

第六章
分维度科学素质评价

第一节 城乡居民的科学素质均有明显提升

城乡居民的科学素质水平均有明显提升，且非城镇居民的科学素质水平增速明显高于城镇居民，城乡差距进一步缩小。2020年，城镇居民具备科学素质的比例达到13.85%，比2018年的11.10%提高了2.75个百分点，增幅为24.80%；非城镇居民具备科学素质的比例为8.72%，比2018年的6.70%提高了2.02个百分点，增幅为30.10%。科学素质发展状况城乡差异如图6-1所示。

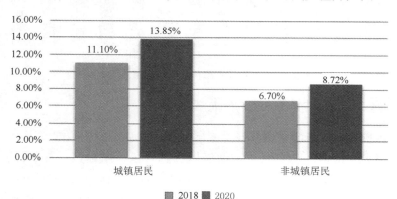

图6-1 科学素质发展状况城乡差异

第二节 女性公民的科学素质水平增速首次高于男性公民

不同性别公民的科学素质水平均有明显提升，男性公民科学素质水平增速趋缓，此次调查女性公民科学素质水平增速首次高于男性公民，公民科学素质水平的性别差异趋于缩小。2020年，男性公民具备科学素质的比例达12.45%，比2018年的10.60%提高了1.85个百分点，增幅为17.50%；女性公民具备科学素质的比例为9.12%，比2018年的7.50%提高了1.62个百分点，增幅为21.60%，如图6-2所示。

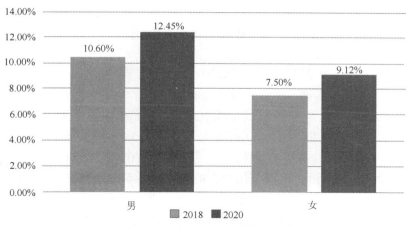

图 6-2 不同性别公民科学素质发展状况

第三节 各年龄段公民的科学素质水平均有不同程度提升

各年龄段公民的科学素质水平均有不同程度提升。18 岁以下公民科学素质水平提升的幅度较大，提升的速度也最快。2020 年，18 至 30 岁和 31 至 40 岁公民具备科学素质的比例分别达到 13.55% 和 14.15%，尤其是 31 至 40 岁公民群体，其增速仅次于 18 岁以下公民群体，表明宝鸡市各行各业中坚力量的科学素质整体水平在大幅提升。41 至 50 岁、51 至 60 岁和 61 岁以上公民具备科学素质的比例依次为 10.70%、9.05% 和 2.60%，均比 2018 年有不同程度的提升。60 岁以上公民科学素质水平相对较低，随着信息时代和老龄化社会的到来，缩小数字鸿沟和提升老年群体的科学素质工作任重道远。各年龄段公民科学素质发展状况差异如图 6-3 所示。

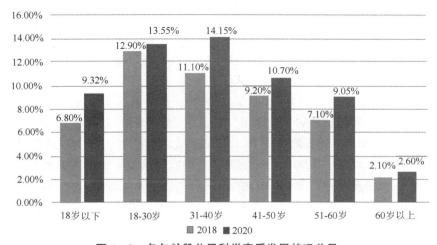

图 6-3 各年龄段公民科学素质发展状况差异

第四节　不同文化程度的差异分析

受教育程度是公民科学素质水平的决定性因素，高中及以上文化程度是公民具备科学素质的文化基础，随着受教育程度的提升，具备科学素质公民的比例明显提升。2020 年，大学本科及以上文化程度公民具备科学素质的比例达到 24.62%，大专文化程度公民具备科学素质的比例为 11.60%，高中或中专、初中和小学及以下的公民具备科学素质的比例依次为 6.05%、3.74% 和 1.85%，如图 6－4 所示。结果显示，不同文化程度的公民具备科学素质的由高到低排序依次为大学本科及以上、大专、高中或中专、初中和小学及以下，排序高低与文化程度相一致。可见，受教育程度是影响公民科学素质的主要原因。

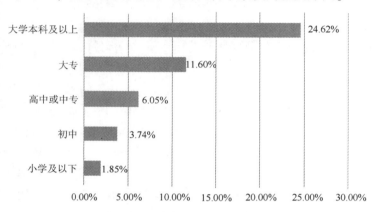

图 6－4　不同文化程度公民科学素质发展状况差异

第五节　五大重点人群的对比分析

农民、青少年、城镇劳动者、领导干部和公务员、企业专业技术人员，分别属于不同的层次结构，此次调查选取这五大重点人群做横向对比，具体差异如图 6－5 所示。2020 年，企业专业技术人员、领导干部和公务员具备科学素质的比例远超 10.00%，分别达到 14.70%、22.40%，充分彰显了专业技术人员的科学知识能力优势和领导干部的带头作用。但领导干部和公务员群体的科学素质水平趋于稳定，与 2018 年相比略有下降。农民、城镇劳动者、青少年具备科学素质的比例依次为 3.45%、8.90%、9.28%，其中农民具备科学素质的水平最低，相对领导干部和公务员的 22.40%，相差 18.95 个百分点，随着乡村振兴战略和《乡村振兴农民科学素质提升行动实施方案（2019—2022 年）》的实施推进，信息技术的不断应用普及，农民成为科学素质提升的关键人群，如何提高农民科学素质水平值得持续深入研究。

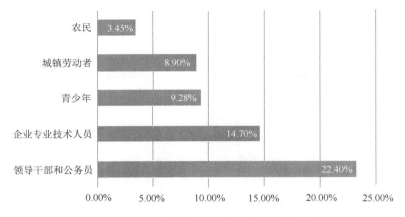

图6-5 重点人群科学素质发展状况差异

第六节 具备科学素质公民的群体特征

男性公民、中青年人、大专及以上文化程度者、城镇居民、领导干部和公务员、企业专业技术人员是具备科学素质公民中的主体。在10.65%具备科学素质的公民中，50岁以下公民占86%，高中及以上文化程度公民占93%，城镇居民占75%，企业专业技术人员、领导干部和公务员共同占60%，男性公民占57%。

具备科学素质的公民中，如图6-6所示，18岁以下年龄段公民和30~39岁年龄段公民的占比较2018年有明显提高，分别提高4%和5%，尤其是30~39岁公民，这部分青年群体是企业专业技术人群、城镇劳动者及公务员群体的中坚力量，一方面接受并完成了良好教育，另一方面因其作为互联网时代的第一批"移民"，借助新技术获取科技信息的能力较强，具有较强的创新意识。

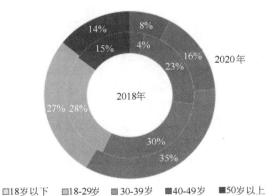

图6-6 不同年龄段公民科学素质差异

2020年具备科学素质的公民中，与2018年纵向对比，各文化程度公民的占比基本稳定，受大学本科及其以上教育程度的公民占比依然最高，占65%，而其他文化程度的占比均稳定或略有下降，说明教育程度与科学素质水平之间的关系极为密切且稳定，而且呈高度正相关关系，不同文化程度公民科学素质差异如图6-7所示。

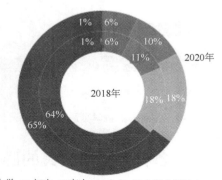

图6-7　不同文化程度公民科学素质差异

具备科学素质的公民中，城镇居民占比从2018年的71%上升到2020年的75%，非城镇居民占比从2018年的29%下降到2020年的25%，说明科学素质在城乡之间的差距依然巨大，且城乡差距有进一步拉大的趋势。城乡公民科学素质差异如图6-8所示。

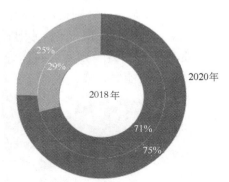

图6-8　城乡公民科学素质差异

具备科学素质的人群中，如图6-9所示，农民、城镇劳动者、领导干部和公务员的占比均有不同程度降低，分别降低了2%、6%和8%，而企业专业技术人员的比例从2018年的16%上升到2020年的30%，原因是此次调查继续对重点企业的专业技术人员进行专项调查，凸显了企业专业技术人员在宝鸡市科学素质建设重点人群中的地位。

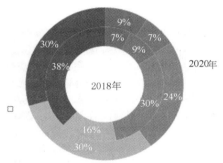

图 6-9　不同人群公民科学素质差异

具备科学素质的人群中，如图 6-10 所示，男性占比从 2018 年的 61%下降到 2020 年的 57%，女性占比从 2018 年的 39%上升到 2020 年的 43%，说明科学素质水平男女性别之间的差距在逐步缩小，科学素质性别差异逐步趋于均衡。

图 6-10　不同性别公民科学素质差异

第七节　公民科学素质基准分维度达标情况

本次调查选取了《中国公民科学素质基准》中的 21 个维度，其中有 11 个维度未能达标（正确率低于 60%），有 10 个维度达标，具体来看，宝鸡市公民在科学态度、科学精神、科学知识方面相对缺乏；而在实践中运用科学解决问题的能力则相对较好，有 5 个维度正确率超过 70%，说明公民注重利用科学解决问题能力的培养，在长期生产生活实践中锻炼摸索出的经验起到了决定性作用。同时也说明借助科学素质的整体提升，开展科学问题的探究以及科技创新的基础不够稳定，如何可持续提升公民科学素质是值得长期关注的问题。达标正确率最高的前三个维度依次是"掌握获取知识或信息的科学方法（89.26%）""掌握常见事故的救援知识和急救方法（83.42%）""了解人体生理知识（74.18%）"；达标正确率最低的三个维度依次是"掌握基本的物理知识（17.25%）""崇尚科学、具有辨别信息真伪的基本能力（23.47%）""了解农业生产的基本知识和方法

(34.19%)"。如图 6-11 所示。

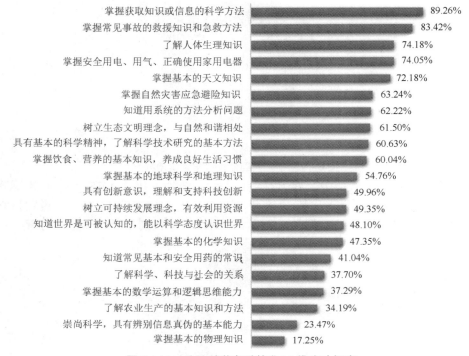

图 6-11 公民科学素质基准 21 维度达标率

第八节 公民对科学术语和科学观点的理解

通过调查了解公民对"新基建"等科学术语的理解程度，33.1%的人能够正确回答，16.5%回答没听过。可以发现，与 2018 年相比，公民对新名词、新事物的关注程度更高。公民对新兴科学术语的理解程度（互联网技术）如图 6-12 所示。

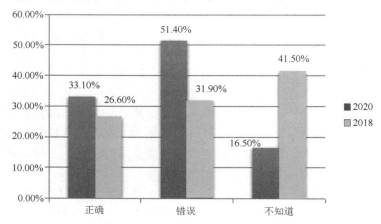

图 6-12 公民对新兴科学术语的理解程度（互联网技术）

公民对信息技术的广泛应用，以"网上购物"为检测维度，发现经常网上购物的人群比例为44.3%，基本替代线下购物的比例为12.7%，从没有进行网上购物的仅有7.0%，说明公民对互联网技术的应用能力正在不断提升。

在互联网时代，公民认为最有效的科普知识获取方式是"微信公民号中推送的科普文章"，比例高达40.34%，后面依次是"科普知识讲座在线直播"（32.94%），"抖音、快手等平台上的科普短视频"（17.44%），"参观在线数字化虚拟科普场馆"（9.28%），调查数据为科普工作提供新渠道、新思路。互联网时代有效的科普知识获取方式差异如图6-13所示。

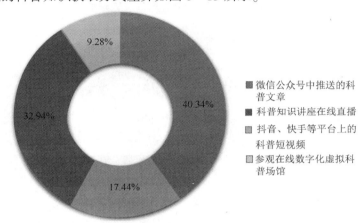

图6-13 互联网时代有效的科普知识获取方式差异

通过调查了解公民对于科学观点回答的正确率来观察公民对于科学知识的掌握情况，本次调查结果如图6-14所示，公民对科学观点回答正确率的次序与2018年没有差别，依次为："地球围绕太阳转"（88.7%）、"我们呼吸的氧气来源于植物"（79.3%）、"地心的温度非常高"（75.5%）、"数百万年来，我们生活的大陆一直在缓慢地漂移并将继续漂移"（74.9%）、"所有放射性现象都是人为造成的"（64.4%）、"父亲的基因决定孩子的性别"（63.9%）、"宇宙产生于大爆炸"（51.9%）、"电子比原子小"（45.5%）、"抗生素既能杀死细菌也能杀死病毒"（43.2%）、"激光因汇聚声波而产生"（32.4%）。对科学观点回答的准确率较之2018、2009年均有较大幅度的上涨，说明公民的科学素质在全面不断提升。

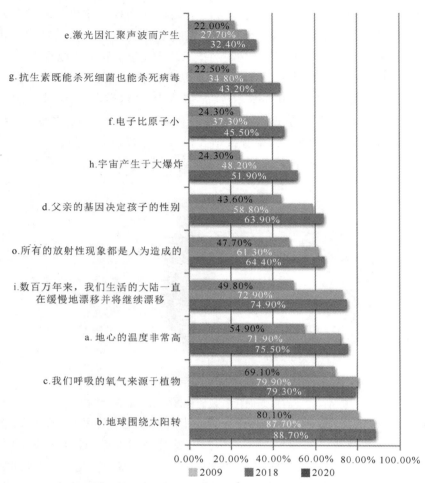

图 6-14 公民对科学观点的理解程度（2020 年、2018 年与 2009 年对比分析）

第九节 公民对科学方法的理解

国际通用的衡量公民对科学研究方法和过程的理解程度包括"正确判断科学研究方法""正确判断生育孩子患遗传病的可能性"，2020 年调查结果如图 6-15 所示，宝鸡市公民对"科学研究方法"的理解程度正确率 39.40%，正确判断"生育孩子患遗传病的可能性"正确率为 75.40%。通过纵向比较，2020 年公民对这两个问题理解正确率比 2018 年分别提高了 3.4 个百分点和 3.9 个百分点，2018 年调查结果如图 6-16 所示。

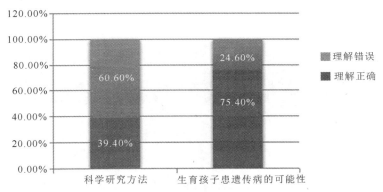

图 6–15　公民对科学方法的理解程度（2020 年）

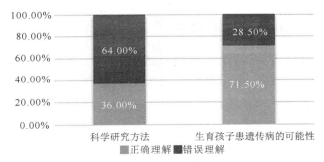

图 6–16　公民对科学方法的理解程度（2018 年）

第十节　公民对科学技术与社会关系的理解

测定社会公民对科学技术所产生社会影响的理解程度主要有：不相信或不知道求签、不相信或不知道相面、不相信或不知道星座预测、不相信或不知道碟仙或笔仙、不相信或不知道周公解梦 5 个方面。按照国际通用标准，5 个方面同时全部予以"不相信"，则被认为达到了对科学技术所产生社会影响的基本理解程度。根据调查结果计算，宝鸡市公民对科学技术所产生社会影响的基本理解程度的达标率为 70.20%。如果前面的五种方法可以预测最近会发生命运转折，不理睬的人占 77.30%。如图 6–17 所示。

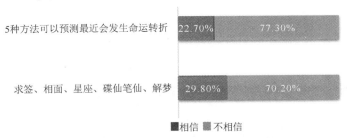

图 6–17　公民对科学技术与社会关系的理解程度

第七章
公民获取科技信息及参与科普活动情况分析

第一节 互联网及社会化新媒体成为公民获取科技信息主渠道

一、公民获取科技信息的渠道

本次调查对除正规学校教育以外的其他科技信息传播渠道进行了大致的罗列和访问，结果表明，电视、互联网和手机微信是宝鸡市公民获取科技信息的三大渠道，高达60.1%的受访者认为是通过这三个渠道获取科技信息的；其他方式依次为报纸、图书、抖音（快手）、广播、专业技术培训等，如图7-1所示。由此看出，互联网、手机微信这些新型传播媒介跃升为科技信息传播的主要方式，抖音、快手等短视频成为公民获取科技信息的新渠道，超越了广播、专业技术培训等传统手段，公民获取科技信息的渠道更加多样化和碎片化。

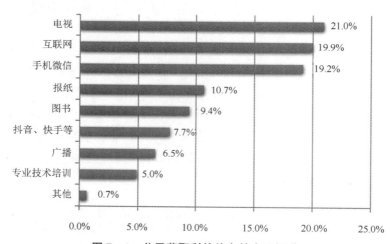

图7-1 公民获取科技信息的主要渠道

二、公民对信息渠道的信任

为了进一步分析公民获取科技信息渠道的原因，调查组设计了传播渠道可信程度的调查题目，结果显示，可信程度由高到低排序依次为电视、报纸、互联网、图书、手机微信、专业技术培训、广播、抖音（快手）、其他等，如图 7-2 所示，基本与公民选择的科技信息获取渠道一致。可见，科技信息传播渠道的可信程度是影响公民选取科技信息获取渠道的主要原因。同时，值得注意的是，公民对互联网的信任程度进一步提升，从 2009 年的 4.3%（第 8）上升到 2018 年的 11.6%（第 5），再到 2020 年的 14.2%（第 3），对互联网的信任程度纵向比较虽有上升，但还是没有电视、报纸等传统媒体信任度高。公民对手机微信、抖音、快手等新媒体的信任程度低，一方面是公民对信息的鉴别能力不高，另一方面是信息爆炸带来的信息过载。随着互联网的进一步普及，未来公民对新媒体的信任将进一步加强，互联网将逐步取代电视成为公民获取科技信息的主要渠道。

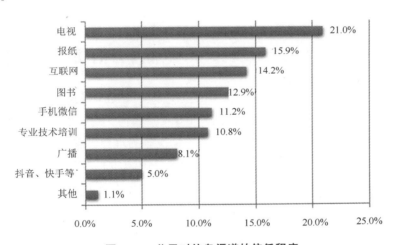

图 7-2　公民对信息渠道的信任程度

三、宝鸡市公民一周时间内接触媒介的频率

为了进一步了解电视、广播、报纸、杂志、图书等传统传播媒介和互联网这种比较现代的媒介对于科技信息传播所起作用的重要程度，调查组进一步调查了宝鸡市公民对以上媒介的接触频率，目的是了解公民在一周时间里对媒介的使用偏好，包括看报纸、听广播、看电视、手机、上网。调查结果如图 7-3 所示，公民接触手机的频率最高，手机替代电视成为公民最常接触的媒介，在一周时间里接触手机的比例高达 98.4%，其中，公民每天使用手机的比例达到 86.7%；接触互联网的频率有较大提高，不接触的比例由 2012 年的 51.9% 下降到 2020 年的 7.4%。报纸、广播等传统媒介的不接触率则持续上升。

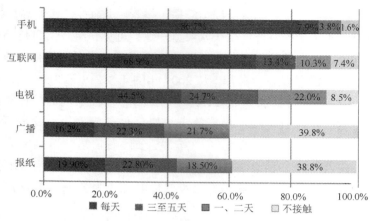

图 7-3　公民一周时间内接触各种媒介的频率

第二节　公民利用科技场馆和参加科普活动的机会增多

科普基础设施是人们学习科学技术的重要条件和传播科技信息的重要渠道，科普设施是否充足，对人们的吸引力和利用效率如何，对传播科技信息影响很大。本次调查发现宝鸡市公民利用科普设施情况较为理想。在过去的一年中，公民去过的科普场所比例从高到低依次是植物园（61.7%）、图书馆或图书阅览室（61.4%）、科普画廊或宣传栏（57.3%）、科技示范点（49.1%）、动物园或水族馆（47.3%）、科技馆（41.3%）、美术馆或展览馆（40.3%），自然博物馆（32.1%）如图 7-4 所示。本次调查数据与 2018 年相比，公民去过科普画廊或宣传栏、科技示范点这两个科普设施比例有较大幅度的提高，说明公民利用科技场馆和参加科普活动机会大大增多。

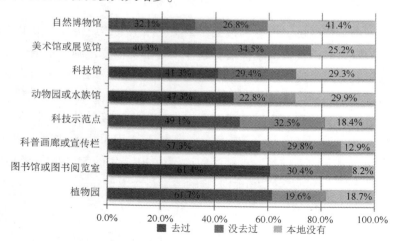

图 7-4　公民参观科普场馆的情况（2020 年）

公民参加各类科普活动的比例较 2018 年均有显著提升。56.7% 的人参加过科普讲座，51.3% 的人参加过科技培训，50.5% 的人参加过科技展览，45.6% 的人参加过全国科普日活动，45.6% 的人参加过科技咨询，44.5% 的人参加过"科技之春"宣传月，39.8% 的人参加过科技下乡活动，33.4% 的人参加过科普大篷车活动。调查结果如图 7-5 所示。

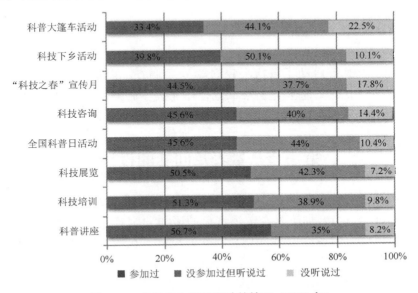

图 7-5　公民参加科普活动的情况（2020 年）

第八章
宝鸡市公民科学素质调查回顾

2009年,宝鸡市启动了首次公民科学素质调查,由宝鸡市科学技术协会、宝鸡市统计局、宝鸡文理学院3家单位合作完成,后来每3年开展一次,截至2020年,共计开展5次。

第一节 量表及问卷的设计

前三次调查问卷的设计主要以Miller法体系三个维度为基准,国际公认的惯用问题为基础,适当增加了具有宝鸡特色的诸如"宝鸡是什么文化的发祥地?""法门寺以什么盛名远扬?"等问题。问卷共设计了个人基本情况、信息的来源与兴趣、对科学知识的理解、对科学技术的态度4大类40多个问题。

从2018年第四次调查开始,引入了"基准法",额外增加按照基准抽取的50个调查问题,同时也更新增加了"新基建""社会化媒体""在线购物"等体现经济社会发展过程中对公民科学素质有直接关系的新问题,问题总数达70个左右,因此被调查者在填写问卷的过程中,花费的时间比前三次的时间更长。调查仍然保留Miller法体系核心调查问题的初衷,是为了在数据分析阶段更好的验证数据的一致性,同时也为基于时间维度纵向分析提供可参照的历史数据。具体来看,历次调查的变化如表8-1所示。

表8-1 宝鸡市历次公民科学素质调查问卷概况

年份	问题大类	问题总数	特色问题数	备注
2009	4	45	6	增加宝鸡地方特色和信息技术两类问题
2012	4	47	8	增加2个前沿技术问题
2015	4	43	9	更新2个宝鸡地方特色问题,增加1个信息技术问题
2018	5	69(19+50)	1	增加1个信息技术问题
2020	5	71(21+50)	3	更新1个信息技术问题 增加2个信息技术问题

第二节　调查对象的选取及样本容量的确定

一、样本容量的确定

第 1 步，计算初始样本容量

$$n_1 = \frac{z^2 \times p(1-p)}{e^2} = \frac{(1.96)^2 \times 0.5(1-0.5)}{(0.03)^2} = 1\,067 \quad (1)$$

式中 z——95% 的置信度，对应的值为 1.96；

p——变异程度，最大取值 50%；

e——误差限，取值 3%。

第 2 步，对总体大小进行调整

$$n_2 = n_1 \times \frac{N}{N+n_1} \approx 1\,067 \quad (2)$$

因大规模总体对样本容量的影响很小，所以可以忽略，n_2 近似等于 n_1。

第 3 步，根据样本设计对样本容量进行调整

$$n_3 = B \times n_1 = 1\,920 \quad (3)$$

式中 B——设计效应，对于多阶抽样，最低取值为 1.8。

第 4 步，根据无回答率进行再次调整，确定最终样本容量 n

$$n = \frac{n_3}{r} = 1\,980 \quad (4)$$

式中 r——预计的回答率，取值 97%。

因此，1 980 个样本容量，不仅能满足对总体的估计，而且也能满足对各层子总体的分析，是比较合适的样本容量。历次公民科学素质调查样本容量及调查对象对比如表 8-2 所示。

表 8-2　宝鸡市历次公民科学素质调查样本容量及调查对象对比

年份	样本容量	问卷发放数	有效问卷数	有效率	调查人群
2009	1 980	1 980	1 952	98.6%	未区分重点人群，随机抽样
2012	750	750	750	100%	未成年人、农民、城镇劳动者、社区居民、领导干部和公务员五大重点人群，按人群随机抽样。
2015	2 020	2 020	1 990	98.5%	同 2012 年，五大重点人群
2018	2 150	2 150	2 074	96.5%	青少年、农民、城镇劳动者、领导干部和公务员、企业专业技术人员五大人群。
2020	2 150	2 150	2 042	95.0%	同 2018 年，五大重点人群

二、调查对象的确定

2009年首次调查并未重点区分人群，是按照当时人口普查12个县（区）378万人口作为一级抽样单元，按照确定的抽样方法，逐层对县（区）、乡镇（街道）、村委会（居委会）、家庭抽样，完成样本的分配；2012年第二次调查时，为了摸清未成年人、农民、城镇劳动者、社区居民、领导干部和公务员五大重点人群的公民科学素质水平，在人群确定的情况下，按区域分配样本数量；2015年第三次调查时，与第二次相同，鉴于上次调查基本是均等分配，不能客观反映宝鸡市实际人群结构，也就是说领导干部及公务员的数据在很大程度上决定了宝鸡市的总体水平，这很难进行客观评价，所以通过增加样本数量提高调查的准确性、降低误差、提高可信度；2018年第四次调查时，人群界定上做了调整，未成年人和大学生人群合并统称为青少年，社区居民和城镇劳动者合并统称为城镇劳动者，领导干部和公务员人群继续保留，针对宝鸡公民行业职业构成的特点，增加了企业专业技术人员人群，这也是除国家科普四大重点人群之外，体现本调查研究的特色之处；2020年第五次调查时，继续沿用第四次调查时的人群划分及样本分配。

三、抽样方法的选取

三次调查时抽样方法均是以PPS抽样为核心，针对各级抽样单位大小不等，实施不等概抽样。由于宝鸡市各地区的经济文化等方面存在较大的差异，为提高估计的精度，采取分层抽样的方法，分阶段具体按总人口成比例抽样、按农业人口、非农业人口划分PPS抽样、简单随机系统抽样等方法。

2009年首次调查时，分四阶段抽样，第一阶段：以宝鸡市12个区县为一级（初级）抽样单位；第二阶段：以街道、乡镇为二级抽样单位；第三阶段：以社区、村委会为三级抽样单位；第四阶段：以家庭住户并在每户中确定1人为最终单位，家庭户内被调查对象的确定则是按照二维随机数表法。2012年第二次调查时，采取分层随机抽样方式抽取，分两阶段抽样，第一阶段：按照县区分配，第二阶段：人群分配。从第三次调查开始，采用的抽样方法均同第二次。历次调查抽样方法对比如表8-3。

表8-3 宝鸡市历次公民科学素质调查抽样方法对比

年份	主要方法	其他方法1	其他方法2	备注
2009	PPS分层抽样法	简单随机系统抽样	二维随机数表法	基于人口规模
2012	PPS分层抽样法	配额抽样法	—	基于人口规模，结合人群划分
2015	PPS分层抽样法	配额抽样法	—	基于人口规模，结合人群划分

续表

年份	主要方法	其他方法 1	其他方法 2	备注
2018	PPS 分层抽样法	配额抽样法	—	基于人口规模，结合人群划分
2020	PPS 分层抽样法	配额抽样法	—	基于人口规模，结合人群划分

第三节 历次公民科学素质水平纵向对比分析

宝鸡市已开展的五次公民科学素质调查研究，前三次采用的测评方法均是按照 Miller 法体系的三个维度分别计算具备科学素质的达标率，再进一步计算同时达到三个维度要求的总体达标率，这种方法目前也是国内通用的方法。后两次采用基准法评价体系进行测算，并同时根据 Miller 法体系进行调整。宝鸡市历次公民科学素质水平对比如表 8-4 所示。

表 8-4 宝鸡市历次公民科学素质水平对比

年份	2005 年	2009 年	2010 年	2012 年	2015 年	2018 年	2020 年
宝鸡	—	2.95%	—	3.24%	5.13%	9.00%	10.65%
陕西	2.52%	—	3.80%	—	5.51%	7.87%	10.13%
全国	1.60%	—	3.27%	—	6.20%	8.47%	10.56%

数据来源：宝鸡市的数据来源于历次调查结果，陕西和全国的数据均来源于中国科协发布的第六、第八、第九、第十、第十一次《中国公民科学素质调查报告》。前两次数据因调查周期不同，故未能实现时间对等情况下的对比分析，后三次数据均是同时间开展的调查。

从总体上来看，宝鸡市公民具备科学素质的水平五次调查数据逐步提高，从 2009 年第一次调查时的 2.95% 提高到 2020 年第五次调查时的 10.65%，提高了 261.02%。宝鸡市公民科学素质水平在"十二五"时期整体上低于陕西省和全国平均水平，而在"十三五"时期整体上略高于陕西省和全国平均水平，提高的速度高于陕西省，低于全国。值得注意的是，陕西省公民科学素质水平低于全国平均水平（虽然调查所采用的测评方法不统一，且国家层面的调查测评方法也多次调整优化，但结果还是具有一定说服力）。宝鸡市公民科学素质水平对比折线如图 8-1 所示。

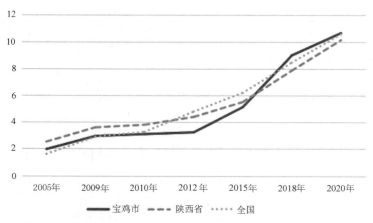

图 8-1 宝鸡市公民科学素质水平对比折线

从图 8-1 可以看出，宝鸡市公民科学素质水平不断提升，且已经高于陕西省和全国平均水平。分析原因，一方面，公民受教育逐步均衡化、普及化，科学普及的力度逐渐加强，公民科学知识得到很大提升；另一方面，信息技术应用的广泛深入带来公民获取科学知识的渠道快捷化、学习时间碎片化，社会化媒体在公民科学素质提升中的作用不可低估。随着科普工作的深入推进、信息技术手段的创新变革，公民科学素质水平的提升速度将越来越快。

第四节 基于人群的公民科学素质对比分析

为了了解宝鸡市公民科学素质的实际状况，避免第一次调查随机抽样带来的人群分布差异所导致的结果偏差，第二次和第三次调查均以未成年人、农民、城镇劳动者、社区居民、领导干部和公务员五大主要人群为调查对象，第四次和第五次增加了企业专业技术人员，基本能够涵盖和代表宝鸡市公民总体水平。

第一次调查时对人群年龄范围做了限定，即 18~69 岁，把未成年人排除在外。第二次和第三次调查时，把未成年人作为重点调查人群，一方面使得调查结果更为科学，另一方面也是为了掌握这个人群的基本科学素质水平，为在基础教育阶段推进科普教育提供依据（Miller 法体系的量表难度相当于初中毕业水平，对小学生来说稍有难度，但不会影响测评的整体结果）。第四次和第五次调查时，把大学生人群与未成年人合并，统一为青少年人群，同时增加了企业专业技术人员人群。宝鸡市历次公民科学素质调查人群对比分析如表 8-5 所示。

表 8-5 宝鸡市历次公民科学素质调查人群对比分析

年份	未成年人（青少年）	农民	城镇劳动者	社区居民	领导干部和公务员	企业专业技术人员
2009	—	—	—	—	—	—

续表

年份 人群	未成年人 （青少年）	农民	城镇 劳动者	社区居民	领导干部 和公务员	企业专业技术 人员
2012	3.29%	1.41%	2.58%	2.11%	7.88%	—
2015	4.04%	4.30%	4.07%	1.51%	11.66%	—
2018	6.10%	3.00%	7.20%	—	23.90%	15.80%
2020	9.28%	3.45%	8.90%	—	22.40%	14.70%

从表 8-5 可以看出，首先，不同人群具备科学素质的比例存在不同程度的差异。宝鸡市公民中，领导干部及公务员人群历次调查数据均为最高；而农民和社区居民相对较低。这一现象不但说明不同人群所从事的工作对科学知识的学习和要求不同，也说明知识教育水平对掌握科技知识的关键作用。其次，通过纵向比较，第三次调查相比第二次调查，提升幅度最大的是农民群体，从 2012 年的 1.41% 提高到 2015 年的 4.30%，科技、教育、卫生"三下乡"等科普工作的整体推动，信息技术的普及和知识获取渠道的多元化，都给农民提升科学素质提供了较好的外部环境。再次，社区居民的科学素质水平两次调查"不升反降"，分析其原因，一方面由于该人群特征的相对不够明晰造成的较大调查误差，另一方面从宏观层面看，"流动人口"的增加和住房政策引导下的"农民进城热"带来的人群"复杂化"，一定程度上改变了最初对该人群的界定（是指生活在城镇社区中未从事具体工作的公民，包括退休人员、待业青年人、家庭主妇）。最后，领导干部和公务员与企业专业技术人员的科学素质水平相对稳定，2018 年和 2020 年两次调查，领导干部和公务员人群的水平稳定在 22.00% 左右，企业专业技术人员的水平稳定在 15.00% 左右。发达国家的实践以及国内学术界相关研究已经表明，重点人群科学素质水平的增长存在"天花板"，这也是值得进一步探讨的问题。

第五节　基于地域的公民科学素质对比分析

2009 年首次调查并未按区域计算公民科学素质水平，此后开展的四次调查为了摸清各县区的公民科学素质水平现状及其变化，为基层科普工作提供支撑依据，均按照区域收回样本，分别计算其符合基本科学素质的比例。

总体上来看，历次调查结果表明，宝鸡市公民具备科学素质的比例与公民所处区县有着很大关联，平原县明显高于山区县，这充分说明，科普工作的区域均衡性是以后工作的重点，具体对比分析如表 8-6 所示。

表8-6 宝鸡市历次公民科学素质水平地域对比分析

县区	2009	2012	2015	2018	2020
金台区	—	3.75%	4.62%	12.50%	15.20%
渭滨区	—	5.00%	5.29%	14.80%	17.25%
陈仓区	—	3.75%	3.90%	8.40%	10.26%
凤翔区	—	2.88%	3.41%	8.10%	9.85%
高新区	—	—	—	9.60%	14.62%
岐山县	—	5.42%	5.33%	9.40%	10.78%
眉县	—	3.33%	4.73%	7.20%	8.32%
扶风县	—	5.00%	5.22%	7.50%	8.63%
千阳县	—	2.92%	3.20%	6.30%	7.82%
陇县	—	1.83%	2.78%	6.90%	7.90%
太白县	—	1.83%	3.36%	6.10%	7.20%
凤县	—	2.08%	3.38%	6.50%	7.90%
麟游县	—	2.08%	25.17%	5.70%	7.16%

注：部分县区的数据因调查抽样及回收问卷雷同率高，导致计算结果出现偏差。

第六节 基于性别的公民科学素质对比分析

如图8-2所示，公民达到科学素质基本要求的比例男性高于女性。在科学术语和科学基本观点、科学研究方法和过程以及科学技术对社会的影响三个维度，男性的达标率明显高于女性，体现在科学态度、科学精神、科学知识等方面，男性要优于女性。

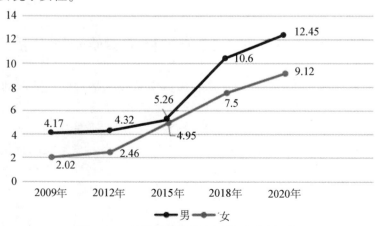

图8-2 公民科学素质水平性别对比折线

第七节　公民对基本科学观点理解的对比分析

科学研究表明，公民已经有了一致的认识，了解这些问题的公认观点，是具备科学素质的重要方面。五次调查调查组都设计了涉及数学、物理、化学、生物、医疗、天文、地理等学科知识的题目，其中包括国际上常用的9道题，以考察公民对基础科学知识的了解，历次调查结果如表8-7所示。宝鸡市公民对各类基本科学观点的了解，总体上达到一定的水平，有"地心的温度非常高""地球围绕太阳转""我们呼吸的氧气来源于植物""就我们目前所知，人类是从早期动物进化而来""吸烟会导致肺癌""光速比声速快"六道题目，人们的正确回答率在一半以上；"父亲的基因决定孩子的性别""数百万年来，我们生活的大陆一直在缓慢地漂移并将继续漂移""最早期的人类和恐龙生活在同一年代""含有放射物质的牛奶经过煮沸后对人体无害""所有放射性现象都是人为造成的""地球围绕太阳转，转一圈为一天"六道题目的回答正确率从2009年的不足50.0%到2020年超过50.0%。2020年调查结果表明，"通用必考"题目的正确率过半由2009年的3题（33.3%）上升到2020年的6题（66.7%），这对带动提升整体公民科学素质水平效果显著。

表8-7　历次调查宝鸡市公民对基本科学观点的了解程度正确率对比　　　　%

问题	2009年	2012年	2015年	2018年	2020年
*a. 地心的温度非常高（对）	54.9	68.3	75.1	71.9	75.5
*b. 地球围绕太阳转（对）	80.1	88.0	90.2	87.7	88.7
*c. 我们呼吸的氧气来源于植物（对）	69.1	75.0	86.6	79.9	79.3
*d. 父亲的基因决定孩子的性别（对）	43.6	53.4	60.2	58.8	63.9
*e. 激光因汇聚声波而产生（错）	22.0	32.2	35.8	27.7	32.4
*f. 电子比原子小（对）	24.3	36.9	44.7	37.3	45.5
*g. 抗生素既能杀死细菌也能杀死病毒（错）	22.5	31.7	39.6	34.8	43.2
*h. 宇宙产生于大爆炸（对）	24.3	38.7	42.9	48.2	51.9
*i. 数百万年来，我们生活的大陆一直在缓慢地漂移并将继续漂移（对）	49.8	70.6	72.1	72.9	74.9
j. 就我们目前所知，人类是从早期动物进化而来（对）	73.1	84.8	90.5	—	—
k. 吸烟会导致肺癌（对）	79.9	89.2	93.6		

续表

问　题	2009 年	2012 年	2015 年	2018 年	2020 年
l. 最早期的人类和恐龙生活在同一年代（错）	31.2	51.9	62.0	—	—
m. 含有放射物质的牛奶经过煮沸后对人体无害（错）	35.2	57.4	60.3	—	—
n. 光速比声速快（对）	71.2	80.7	88.1	—	—
o. 所有放射性现象都是人为造成的（错）	47.7	67.9	70.5	—	—
p. 地球围绕太阳转，转一圈为一天（错）	37.0	55.5	60.8	—	—

注：带＊的表示国际通用题目，剩余题目在第四、第五次调查时删减处理。

第九章
宝鸡市公民科学素质建设存在的问题

从本次调查结果来看,宝鸡市公民科学素质整体水平有了大幅提升,但依然存在分布不均衡、素质有短板、参与意愿不足等问题。

第一节 科学素质人群分布不均衡

调查结果表明,从人群分布来看,领导和公务员、企业专业技术人员的科学素质水平较高,均远远超过2020年国家公民科学素质水平目标10.0%。但城镇劳动者、青少年、农民人群的科学素质都低于全市平均水平。原因包括:本次采样的城镇劳动者受教育程度在高中及以下的比例达到67.3%;青少年人群采样小学四年级、初中八年级、高中十一年级,他们在科学知识层面所占优势,但在利用科学解决问题能力方面薄弱;被调查的农民人群,平均年龄为48岁(而此次所有样本的平均年龄为38.7岁),55.2%的受调查者是初中及以下文化程度,老龄化和受教育程度偏低是当前农村居民的主要特征。

第二节 公民科学素质分维度达标存在短板

本次调查结果表明,公民对科学术语和科学基本观点的理解程度、对科学研究方法和过程的理解程度、对科学技术对社会影响的理解程度,分别为54.2%(2009年仅为21.7%)、27.3%(2009年仅为5.6%)、41.8%(2009年仅为19.6%)。随着公民接受教育程度的不断提高,公民对科学术语和基本科学观点的理解在不断提高,是唯一高于50.0%的维度。而公民对于科学研究方法和过程的理解较为薄弱,借助科学思考解决现实问题的能力欠缺。除了安全认知、灾害规避、应急能力等基本知识外,农业科学生产、营养健康、信息处理、有效利用资源等能力是亟待补齐的短板。

第三节 公民参与科普活动的意愿不高

本次调查结果表明,公民参加各类科普活动的比例虽然较2018年均有显著提升。56.7%的人参加过科普讲座（2018年为47.2%），51.3%的人参加过科技培训（2018年为44.3%），50.5%的人参加过科技展览（2018年为43.5%），45.6%的人参加过全国科普日活动（2018年无此项调查），45.6%的人参加过科技咨询（2018年为34.7%），44.5%的人参加过"科技之春"宣传月（2018年为32.5%），39.8%的人参加过"科技下乡"（2018年为33.8%），33.4%的人参加过"科普宣传车"活动（2018年为27.1%）。但公民对于科普活动的重要性认识不够，"听说过但没参加过"的比例均超过35.0%，这部分人群是有待调动的潜在参与者。

第十章
提升宝鸡市公民科学素质的政策建议

第一节 加强党的领导,发挥政府在公民科学素质培养工作的主导作用

坚持科普工作积极服务党和国家工作大局,深化科技为民服务,不断提升科协组织动员能力,打造普惠创新、全面动员、全民参与的社会化大科普格局。有效发挥市级媒体科普窗口作用,提高科普宣传的政府公信力。发挥基层科普组织的辐射带动作用,紧紧围绕各自工作实际和专业特点,采取多种方式坚持不懈开展科普活动,提高科普宣传覆盖面,扩大受众群体,提高科普针对性。加强应急科普体系建设,探索建立涵盖应急科普领导组织、内容生产、传播发声、协同合作等方面行之有效的机制措施。

第二节 关注重点人群,强化乡村振兴人才支撑

进一步贯彻落实《乡村振兴农民科学素质提升行动实施方案(2019-2022年)》要求,充分尊重农民意愿,围绕新型职业农民、小农户群体、乡村科技人才、农村妇女等重点人群,重点解决农民"科学知识薄弱、科学意识淡漠、科学态度缺乏、科学精神匮乏"等突出问题,加大信息技术培训力度,防止数字贫困和数字鸿沟,逐步推进科学素质均衡发展。着力加大科普资源的供给支撑、形成农村良好的科学氛围,切实提高农民幸福感和获得感,为深入实施乡村振兴战略打好基础。

第三节 创新科普渠道,加大新媒体科普宣传力度

提升科普信息化水平,着力发挥社会化新媒体(微信)、短视频(抖音、快手等)等公民接触频率高的新媒体渠道作用,盘活在线科普平台资源,加大微视频等科普资源建设,进一步推动科普内容多样化、科普资源共享化、科普活动虚拟化。继续加大对山区、县科普基础设施建设的投入,针对青少年和农民两类重点人群,激发公民接受科普的兴趣和意愿,提高公民的参与程度。

第四节　依托社团组织，壮大科普志愿者队伍

发挥宝鸡市高校科研机构人才优势，依托学会、协会组织，进一步壮大科普队伍。加大科普创作的奖励力度，提高专家参与科普的积极性，重点鼓励专家线上科普、远程科普等方式。遵循"奉献、友爱、互助、进步"的志愿准则，加大专兼职科普志愿者注册管理，组织开展科普宣传、科技咨询、科技培训、科普进社区、科普进校园、科技下乡等多种形式的科普活动。

第五节　扎实持续跟踪，完善监测评估体系

在五次调查研究的基础上，一方面，继续完善优化监测评估体系，完善更新宝鸡市公民科学素质动态监测数据库，跟踪分析纵向科学素质动态变化以及横向人群差异，为制定地方科普政策提供依据；另一方面，推进构建科普能力评价体系，优化科普主体绩效考核指标，进一步推动科普资源均衡化配置，进一步推动科学素质监测评估常态化、动态化、专业化。

第六节　加强政校合作，发挥科研平台整合资源作用

加强与宝鸡文理学院政校合作，依托宝鸡市公民科学素质发展研究中心，进一步健全机制体制，凝练科研方向，助力科学普及，服务公民科学素质提升。围绕公民科学素质评估理论与实践、公民科学素质政策体系、重点人群科学素质提升、科学普及与创新发展、科普服务能力与科技志愿者队伍建设等方面开展研究。坚持问题导向、需求导向和学科导向，以提升公民科学素质为中心，为科学素质建设工作决策及其贯彻落实提供智力支持。

附录 1
2020 年宝鸡市公民科学素质调查问卷

表　　号：K2020001
制表机关：宝鸡市科学技术协会
批准文号：宝统字〔2020〕67 号
有效期至：2020 年 12 月

宝鸡市公民科学素质调查问卷

尊敬的朋友：

您好！为了解我市公民的科学素质状况以及对科学技术的态度，宝鸡市科协正在全市进行抽样调查。我们邀请您作为我市公民代表参加调查，请提供您的看法与意见。希望能够得到您的大力支持与合作。

本调查不记名，数据由计算机统一处理，请您按要求如实回答。能倾听您的意见，我们感到十分荣幸。谢谢！

区县单位：_____

宝鸡市科学技术协会
2020 年 7 月

第一部分：个人基本情况

首先，我想了解一下您的个人情况。

001. 性别
1. □男　2. □女

002. 您的年龄？
_____周岁

003. 您属于下列哪类人员？
1. □青少年　　　　　　　2. □农民
3. □城镇劳动者　　　　　4. □企业专业技术人员
5. □领导干部和公务员

004. 您是否为城镇人口？
1. □非城镇人口　2. □城镇人口

问卷调查

001 □
002 □
003 □
004 □

第二部分：信息的来源与兴趣

现在，我想问您几个与您日常生活有关的问题。

101. 在日常生活中，您的科技知识和科技信息主要来自哪些渠道（可选1～3项，并按使用频率由高到低排序）？您认为哪些渠道的知识和信息比较可信（可选1～3项，并按信任程度由高到低排序）？

渠道	A. 主要来源	B. 可信度
1. 报纸		
2. 图书		
3. 广播		
4. 电视		
5. 互联网		
6. 手机微信		
7. 抖音、快手等		
8. 专业技术培训		
9. 其他		

101A □
□
□
101B □
□
□

102. 您每周接触下列媒体的天数是多少？

媒体	1. 每天	2. 三至五天	3. 一至二天	4. 不接触
a. 报纸				
b. 广播				
c. 电视				
d. 互联网				
e. 手机				

102a ☐
102b ☐
102c ☐
102d ☐
102e ☐

103. 在过去的一年中，您去过以下科普场所吗？如果去过，去过多少次？

科普场所	没有去过的原因	一至二次	三次及以上
a. 动物园和水族馆	1☐ 2☐ 3☐ 4☐ 5☐ 6☐ 7☐ 8☐	9☐	10☐
b. 植物园	1☐ 2☐ 3☐ 4☐ 5☐ 6☐ 7☐ 8☐	9☐	10☐
c. 科技馆等科技类场馆	1☐ 2☐ 3☐ 4☐ 5☐ 6☐ 7☐ 8☐	9☐	10☐
d. 自然博物馆	1☐ 2☐ 3☐ 4☐ 5☐ 6☐ 7☐ 8☐	9☐	10☐
e. 图书馆或图书阅览室	1☐ 2☐ 3☐ 4☐ 5☐ 6☐ 7☐ 8☐	9☐	10☐
f. 科普画廊或宣传栏	1☐ 2☐ 3☐ 4☐ 5☐ 6☐ 7☐ 8☐	9☐	10☐
g. 美术馆或展览馆	1☐ 2☐ 3☐ 4☐ 5☐ 6☐ 7☐ 8☐	9☐	10☐
h. 科技示范点	1☐ 2☐ 3☐ 4☐ 5☐ 6☐ 7☐ 8☐	9☐	10☐

103a ☐
103b ☐
103c ☐
103d ☐
103e ☐
103f ☐
103g ☐
103h ☐

如果没有去过，主要是下列哪个原因造成的？
1. 本地没有   2. 缺乏展品   3. 展品陈旧
4. 门票太贵   5. 没有时间   6. 不感兴趣
7. 交通不便   8. 以前去过

104. 在过去的一年中，您参加过以下科普活动吗？如果没有参加过，那么您听说过吗？

科普活动	参加过	没参加过但听说过	没听说过
a. 科普大篷车活动	1☐	2☐	3☐
b. 科技下乡活动	1☐	2☐	3☐
c. 全国科普日活动	1☐	2☐	3☐
d. "科技之春"宣传月	1☐	2☐	3☐

104a ☐
104b ☐
104c ☐
104d ☐

105. 在过去的一年中，您参加过以下科普活动吗？如果参加过，参加过几次？如果没有参加过，那么您听说过吗？

科普活动	参加过的次数	没参加过但听说过	没听说过
a. 科技咨询	1□ 2□ 3□ 4□ 5 及以上□	6□	7□
b. 科技展览	1□ 2□ 3□ 4□ 5 及以上□	6□	7□
c. 科普讲座	1□ 2□ 3□ 4□ 5 及以上□	6□	7□
d. 科技培训	1□ 2□ 3□ 4□ 5 及以上□	6□	7□

105a
105b
105c
105d

第三部分：对科学知识的理解

现在，请您思考下面的问题。

201. 您认为下面各观点对吗？

科学知识观点	正确	错误	不知道
a. 地心的温度非常高	1□	2□	3□
b. 地球围绕太阳转	1□	2□	3□
c. 我们呼吸的氧气来源于植物	1□	2□	3□
d. 父亲的基因决定孩子的性别	1□	2□	3□
e. 激光因汇聚声波而产生	1□	2□	3□
f. 电子比原子小	1□	2□	3□
g. 抗生素既能杀死细菌也能杀死病毒	1□	2□	3□
h. 宇宙产生于大爆炸	1□	2□	3□
i. 数百万年来，我们生活的大陆一直在缓慢地漂移并将继续漂移	1□	2□	3□
o. 所有的放射性现象都是人为造成的	1□	2□	3□

201a
201b
201c
201d
201e
201f
201g
201h
201i
201o

202. 科学家想知道一种治疗高血压的新药是否有疗效。在以下的方法中，您认为哪一种方法最正确？

1. □给 1 000 个高血压病人服用这种药，然后观察有多少人血压有所下降

2. □给 500 个高血压病人服用这种药，另外 500 个高血压病人不服用这种药，然后观察两组病人中各有多少人的血压有所下降

3. □给 500 个高血压病人服用这种药，另外 500 个高血压病人服用无效无害、外形相同的安慰剂，然后观察两组病人中各有多少人血压有所下降

4. □不清楚

202

203. 您对以下几种预测人生或命运的方法相信吗？是很相信还是有些相信？是不相信还是不知道？

预测方法	很相信	有些相信	不相信	不知道
a. 求签	1☐	2☐	3☐	4☐
b. 相面	1☐	2☐	3☐	4☐
c. 星座预测	1☐	2☐	3☐	4☐
d. 碟仙或笔仙	1☐	2☐	3☐	4☐
e. 周公解梦	1☐	2☐	3☐	4☐

203 _____

204. 如果以上任何一种方法预测您最近会发生命运转折，您将如何处理？

1. ☐不理睬
2. ☐查询有关的书籍或询问亲友
3. ☐按预测者提供的办法处置
4. ☐不知道

204 _____

205. 医生为一对准备结婚的青年男女进行身体检查后，告诉他们，如果他们结婚生育孩子的话，他们的孩子患遗传病的可能性为1/4。您认为医生的话意味着什么？

1. ☐如果他们生育的前三个孩子都很健康，那么，第四个孩子肯定有遗传病
2. ☐如果他们的第一个孩子有遗传病，那么后面的三个孩子将不会得遗传病
3. ☐他们生育的孩子都有可能得遗传病
4. ☐如果他们只生育三个孩子，那么，这三个孩子都不会得遗传病
5. ☐不清楚

205 _____

206. 您听说过"新基建——新型基础设施建设"吗？如果听说过，请想一想它主要与哪个领域有关？

1. ☐医学领域
2. ☐交通领域
3. ☐乡村振兴领域
4. ☐信息技术领域
5. ☐听说过但不知道与哪个领域有关
6. ☐没听说过

206 _____

207. 您在网上有购物经历吗？如果有，多久买一次？ 207 ☐
  1. ☐ 从来没有过
  2. ☐ 有，偶尔
  3. ☐ 有，经常
  4. ☐ 有，基本可以替代线下购物

208. 互联网时代，您认为有效的科普知识获取方式是？ 208 ☐
  1. ☐ 微信公民号中推送的科普文章
  2. ☐ 抖音、快手等平台上的科普短视频
  3. ☐ 科普知识讲座在线直播
  4. ☐ 参观在线数字化虚拟科普场馆

第四部分：公民科学素质基准测试

现在，请您思考并回答下面的问题（有选项的为单项选择题，没选项的为判断题）

301. 现代科学理论还不能完全解释中医的神奇功效，但不能因此断定中医的治疗方法不科学。（　　） 301 ☐

302. 当我国部分地区发现空气中小颗粒物 PM2.5 水平超标时，部分地区出台了控制车流量、治理污染等相关措施，这体现了（　　） 302 ☐
  A. PM2.5 对我们没什么伤害
  B. 现代城市车流量过大亟需管控
  C. 认知世界和尊重科学规律能够让我们与世界和谐相处
  D. 二者没有联系

303. 解决问题需要一定方法，你最赞成的是（　　） 303 ☐
  A. 用复杂方法解决复杂问题
  B. 用简单方法解决复杂问题
  C. 用简单方法解决简单问题
  D. 用复杂方法解决简单问题

304. 五行学说是中国古代的一种朴素的唯物主义哲学思想，是一种朴素的系统论。宇宙间一切事物都是由木、火、土、金、水五种物质元素所组成的，自然界各种事物和现象的发展变化，都是这五种物质不断运动和相互作用的结果。（　　） 304 ☐

305. 发扬求真务实的科学文化精神，需要倡导追求真理、不容许失败的科学思想。（　　） 305 ☐

306. 自主创新是科技发展的灵魂，是一个民族发展的不竭动力，是支撑国家崛起的筋骨。（　　） 306 ☐

307. 科技创新成为人类进步的源泉，成为决定国家或区域竞争力的第一要素。（　　） 307 ☐

308. 一家公司的寿命要长久，最核心的是（　　）
A. 宣传能力　　　　　　B. 资金实力
C. 创新能力　　　　　　D. 办公条件

309. 在我国历史上有许多创新与发明，如活字排版、造纸术等，你认为可以申请世界（　　）
A. 发明奖　　B. 文化遗产　　C. 专利　　D. 贡献奖

310. 农业生产中有这样的谚语，清明前后，栽瓜种豆。而今随着科技的发展，随时可以生产反季节蔬菜。这说明（　　）。
A. 规律具有主观性　　　　B. 规律既能被创造也能被消灭
C. 科技是认识发展的动力　D. 人可以认识并利用规律

311. 中国古代四大发明中什么对航海有直接的促进作用？（　　）
A. 印刷术　　B. 造纸术　　C. 指南针　　D. 火药

312. 下列科学概念中，事关人体健康与发展的是（　　）
A. 引力　　B. DNA　　C. 板块构造　　D. 宇宙大爆炸

313. 关于人与自然的关系，你比较认同的观点是（　　）
A. 人类生存决定自然环境
B. 自然环境决定人类生存
C. 人类生存与自然环境相互影响
D. 人类生存与自然环境没有关系

314. 海平面上升是一个全球性的环境问题，其主要原因是（　　）
A. 地面沉降　　B. 气候变暖　　C. 土地沙漠化　　D. 雨水增多

315. 践行低碳生活可以有效遏制气候变暖。（　　）

316. 社区中有一个垃圾箱的标志如右图所示，它表示收取的是（　　）
A. 有害垃圾　　　　　　B. 装修垃圾
C. 可回收垃圾　　　　　D. 厨房垃圾

317. 宝鸡市生活垃圾分类分为有害垃圾、可回收物、厨余垃圾和其他垃圾四大类。（　　）

318. 可持续发展的意识主要是指具有（　　）
A. 人与自然协调意识　　B. 资源开发意识
C. 保护能源意识　　　　D. 经济发展意识

319. 日全食是可预见的正常自然现象，与重大灾难的预兆无关。（　　）

320. 地球生命活动所需的能量，最主要的来源是（　　）
A. 太阳光　　B. 月球反射光　　C. 地热资源　　D. 矿产资源

321. 对互联网信息安全破坏性最大的是（   ）
   A. 硬件   B. 软件   C. 病毒   D. 防火墙

322. 对于大年初五放鞭炮可以迎财神的观点，你认为下面哪一种说法较为合理（   ）
   A. 不可全信，不可不信   B. 这是一种风俗，不妨随俗
   C. 放鞭炮增信心能发财   D. 放鞭炮和发财没有相关性

323. 下列关于动物行为与天气变化关系的谚语中，不正确的是（   ）
   A. 喜鹊枝头叫，出门晴天报   B. 蛤蟆哇哇叫，大雨就要到
   C. 小狗乱打架，出门防雷打   D. 蚯蚓路上爬，雨水乱如麻

324. 城市中住宅楼每层的高度大约是（   ）
   A. 2 米   B. 3 米   C. 4 米   D. 5 米

325. 如果一道试题有75%的解答人都答不对，说明这道试题（   ）
   A. 有质量   B. 有水平   C. 有难度   D. 有意义

326. 自然界有着许多偶然现象，这种现象遵循的是（   ）
   A. 因果决定律   B. 对立统一律
   C. 概率统计规律   D. 物极必反律

327. 下列现象不属于物理变化的是（   ）
   A. 铁钉生锈   B. 气球爆炸   C. 冷水结冰   D. 铁变磁铁

328. 原子和原子可以结合成（   ）
   A. 离子   B. 分子   C. 质子   D. 电子

329. 牛顿从"苹果落地"这一现象中发现了什么作用力？（   ）
   A. 万有引力   B. 地球磁场力   C. 向心力   D. 大气压力

330、近视眼佩戴的眼镜是（   ）
   A. 凹透镜   B. 凸透镜   C. 平光镜   D. 反光镜

331. 人体内的水分，大约占到体重的（   ）
   A. 45%   B. 60%   C. 85%   D. 90%

332. 在海拔较高的地方，大气压比较低，烧开水的温度会（   ）
   A. 高于100℃   B. 等于100℃
   C. 低于100℃   D. 都有可能

333. 铝的密度很小，虽然它比较软，但也可制成各种铝合金，如硬铝、超硬铝、防锈铝、铸铝等。（   ）

334. 根据牛顿的惯性定律，我们在开车时要注意（   ）
   A. 少用刹车   B. 多按喇叭
   C. 保持车距   D. 经常开灯

335. 太阳系中唯一有生命存在的行星是（ ）
A. 水星　　　B. 火星　　　C. 地球　　　D. 金星

336. 地球上昼夜更替现象的主要成因是（ ）
A. 地球自转　　B. 地球公转　　C. 月球自转　　D. 月球公转

337. 地球的岩石圈可以分为若干板块，板块的相互碰撞可产生（ ）
A. 地震　　　B. 滑坡　　　C. 大陆架　　　D. 大陆沟

338. 地球的表面积中，陆地面积大于海洋面积。（ ）

339、落在高压线上的鸟儿不会触电死亡，这是因为（ ）
A. 鸟爪上的角质层是绝缘的
B. 鸟儿对电流的承受能力比较强
C. 鸟儿双脚落在同一条导线上，没有电流流过鸟的身体
D. 高压线有橡胶外皮

340. 不属于新冠肺炎病毒主要传播途径的是（ ）
A. 飞沫传播　　　　　B. 接触传播
C. 气溶胶传播　　　　D. 快递物品传播

341. 心血管系统是血液循环系统的主体，其动力源于（ ）
A. 动脉　　　B. 静脉　　　C. 毛细血管　　　D. 心脏

342. 预防新冠肺炎病毒的方法不包括（ ）
A. 勤洗手　　　　　　B. 出门戴口罩
C. 口服药物预防　　　D. 少去人多聚集的地方

343. 消防员在作业时需要一些防护物品，以下物品不属于消防防护品的是（ ）
A. 防护服　　　　　　B. 安全头盔
C. 消防胶靴　　　　　D. 救生衣

344. 从均衡膳食的角度，一日三餐的安排，合理的是（ ）
A. 早餐吃好，午餐吃饱，晚餐吃少
B. 早餐吃少，午餐吃好，晚餐吃饱
C. 早餐吃好，午餐吃少，晚餐吃饱
D. 早餐吃饱，午餐吃少，晚餐吃好

345. 在公共场所，如果你准备抽烟时，看到以下图表如图右所示，你会（ ）
A. 忍住不吸　　　　　B. 别人看不到，就吸
C. 看见别人吸，我就吸　　D. 不知道

346. 如果有人触电时，正确的抢救方法要求首先（　　） 346 ☐

A. 用手拉开电线、挪动触电者

B. 迅速关掉开关或拉掉电闸

C. 叫人或救护车前来抢救

D. 用随手拿得到的棍棒挑开电线

347. 绿色食品、有机食品、无公害农产品标准对产品的要求由高到低依次排列为（　　） 347 ☐

A. 绿色食品＞有机食品＞无公害农产品

B. 绿色食品＞无公害农产品＞有机食品

C. 有机食品＞绿色食品＞无公害农产品

D. 无公害农产品＞有机食品＞绿色食品

348. 一旦遇到食物中毒，在就医前应该立刻采取的行动是（　　） 348 ☐

A. 敲打胃部　B. 静卧平躺　C. 服用阿司匹林　D. 喝大量的水

349. 发生火灾时，以下哪种逃生做法是不正确的（　　） 349 ☐

A. 用湿毛巾捂着嘴巴和鼻子

B. 弯着身子快速跑到安全地点

C. 躲在床底下等待消防人员救援

D. 马上从最近的消防通道跑到安全地点

350. 遇到雷雨天，以下哪一项室外行动是最危险的（　　） 350 ☐

A. 躲在屋檐下　B. 躲在树下　C. 躲在车里　D. 使用手机

最后，我们再了解一下您的其他情况。

005. 您的文化程度如何？

1. ☐不识字或识字很少　　2. ☐小学 005 ☐

3. ☐初中　　　　　　　4. ☐高中或中专

5. ☐大专　　　　　　　6. ☐大学及以上

006. 您是什么民族？

1. ☐汉族　　　　　　　2. ☐少数民族（请注明）_____族 006 ☐

007. 城镇户居民，请回答 A 题；农村户居民，请回答 B 题。

007A. 在过去一年中，您家庭总的可支配收入大约是多少元？

1. ☐5000 元以下　　　　2. ☐5000～10000 元 007A ☐

3. ☐10000～15000 元　　4. ☐15000～20000 元

5. ☐20000～25000 元　　6. ☐25000～30000 元

7. ☐30000～40000 元　　8. ☐40000～50000 元

9. ☐50000～60000 元　　10. ☐60000～70000 元

11. ☐70000～80000 元　　12. ☐80000～90000 元

13. ☐90000～100000 元　　14. ☐100000 元以上

007B、在过去一年中,您家庭总的纯收入大约是多少元? 007B ☐☐

1. ☐2000 元以下　　　　 2. ☐2000~4000 元
3. ☐4000~6000 元　　　 4. ☐6000~8000 元
5. ☐8000~10000 元　　　6. ☐10000~15000 元
7. ☐15000~20000 元　　 8. ☐20000~25000 元
9. ☐25000~30000 元　　10. ☐30000~35000 元
11. ☐35000~40000 元　　12. ☐40000~45000 元
13. ☐45000~50000 元　　14. ☐50000 元以上

008、您的家庭有几口人?(请注明)_____人。我们的调查到此结束了,我们对您的合作再次表示衷心的感谢! 008 ☐☐

(以下由调查员填写)

答卷时间(分钟)	1. ☐少于30	2. ☐30~45	3. ☐45~60	4. ☐多于60
被调查者对问卷内容的理解程度	1. ☐非常理解	2. ☐比较理解	3. ☐理解较少	4. ☐很不理解
被调查者是否愿意接受调查	1. ☐非常愿意	2. ☐比较愿意	3. ☐不太愿意	4. ☐很不愿意
调查员对问卷的看法和建议				

附录 2

2020 年宝鸡市公民科学素质调查样本分配表

区县单位	重点人群	抽样分类	样本数
渭滨区	青少年	小学生	6
		初中生	8
		高中生	6
		大学生	10
	农民	一般纯农业生产人员	10
		农业生产村领导干部	10
		农村各类服务业从业人员	10
		忙时务农闲时进城务工人员	10
	城镇劳动者	商贸服务业从业人员	18
		工业生产性企业操作工人	18
		各类专业技术人员	12
		各类单位行政管理人员	12
		社区居民	10
	领导干部和公务员	县处级领导	1
		乡科级领导	3
		一般公务人员	16
		小计	160
金台区	青少年	小学生	6
		初中生	8
		高中生	6

续表

区县单位	重点人群	抽样分类	样本数
金台区	农民	一般纯农业生产人员	10
		农业生产村领导干部	10
		农村各类服务业从业人员	10
		忙时务农闲时进城务工人员	10
	城镇劳动者	商贸服务业从业人员	18
		工业生产性企业操作工人	18
		各类专业技术人员	12
		各类单位行政管理人员	12
		社区居民	10
	领导干部和公务员	县处级领导	1
		乡科级领导	3
		一般公务人员	16
	小计		150
陈仓区	青少年	小学生	6
		初中生	8
		高中生	6
	农民	一般纯农业生产人员	10
		农业生产村领导干部	10
		农村各类服务业从业人员	10
		忙时务农闲时进城务工人员	10
	城镇劳动者	商贸服务业从业人员	18
		工业生产性企业操作工人	18
		各类专业技术人员	12
		各类单位行政管理人员	12
		社区居民	10
	领导干部和公务员	县处级领导	1
		乡科级领导	3
		一般公务人员	16
	小计		150

续表

区县单位	重点人群	抽样分类	样本数
凤翔区	青少年	小学生	6
		初中生	8
		高中生	6
	农民	一般纯农业生产人员	10
		农业生产村领导干部	10
		农村各类服务业从业人员	10
		忙时务农闲时进城务工人员	10
	城镇劳动者	商贸服务业从业人员	18
		工业生产性企业操作工人	18
		各类专业技术人员	12
		各类单位行政管理人员	12
		社区居民	10
	领导干部和公务员	县处级领导	1
		乡科级领导	3
		一般公务人员	16
	小计		150
眉县	青少年	小学生	6
		初中生	8
		高中生	6
	农民	一般纯农业生产人员	10
		农业生产村领导干部	10
		农村各类服务业从业人员	10
		忙时务农闲时进城务工人员	10
	城镇劳动者	商贸服务业从业人员	18
		工业生产性企业操作工人	18
		各类专业技术人员	12
		各类单位行政管理人员	12
		社区居民	10

续表

区县单位	重点人群	抽样分类	样本数
眉县	领导干部和公务员	县处级领导	1
		乡科级领导	3
		一般公务人员	16
	小计		150
岐山县	青少年	小学生	6
		初中生	8
		高中生	6
	农民	一般纯农业生产人员	10
		农业生产村领导干部	10
		农村各类服务业从业人员	10
		忙时务农闲时进城务工人员	10
	城镇劳动者	商贸服务业从业人员	18
		工业生产性企业操作工人	18
		各类专业技术人员	12
		各类单位行政管理人员	12
		社区居民	10
	领导干部和公务员	县处级领导	1
		乡科级领导	3
		一般公务人员	16
	小计		150
扶风县	青少年	小学生	6
		初中生	8
		高中生	6
	农民	一般纯农业生产人员	10
		农业生产村领导干部	10
		农村各类服务业从业人员	10
		忙时务农闲时进城务工人员	10

续表

区县单位	重点人群	抽样分类	样本数
扶风县	城镇劳动者	商贸服务业从业人员	18
		工业生产性企业操作工人	18
		各类专业技术人员	12
		各类单位行政管理人员	12
		社区居民	10
	领导干部和公务员	县处级领导	1
		乡科级领导	3
		一般公务人员	16
	小计		150
陇县	青少年	小学生	2
		初中生	4
		高中生	4
	农民	一般纯农业生产人员	14
		农业生产村领导干部	12
		农村各类服务业从业人员	12
		忙时务农闲时进城务工人员	12
	城镇劳动者	商贸服务业从业人员	15
		工业生产性企业操作工人	15
		各类专业技术人员	10
		各类单位行政管理人员	10
		社区居民	10
	领导干部和公务员	县处级领导	1
		乡科级领导	3
		一般公务人员	16
	小计		140

附录 2　2020 年宝鸡市公民科学素质调查样本分配表 | 061

续表

区县单位	重点人群	抽样分类	样本数
凤县	青少年	小学生	2
		初中生	4
		高中生	4
	农民	一般纯农业生产人员	14
		农业生产村领导干部	12
		农村各类服务业从业人员	12
		忙时务农闲时进城务工人员	12
	城镇劳动者	商贸服务业从业人员	15
		工业生产性企业操作工人	15
		各类专业技术人员	10
		各类单位行政管理人员	10
		社区居民	10
	领导干部和公务员	县处级领导	1
		乡科级领导	3
		一般公务人员	16
	小计		140
麟游县	青少年	小学生	2
		初中生	4
		高中生	4
	农民	一般纯农业生产人员	14
		农业生产村领导干部	12
		农村各类服务业从业人员	12
		忙时务农闲时进城务工人员	12
	城镇劳动者	商贸服务业从业人员	15
		工业生产性企业操作工人	15
		各类专业技术人员	10
		各类单位行政管理人员	10
		社区居民	10

续表

区县单位	重点人群	抽样分类	样本数
麟游县	领导干部和公务员	县处级领导	1
		乡科级领导	3
		一般公务人员	16
	小计		140
太白县	青少年	小学生	2
		初中生	4
		高中生	4
	农民	一般纯农业生产人员	14
		农业生产村领导干部	12
		农村各类服务业从业人员	12
		忙时务农闲时进城务工人员	12
	城镇劳动者	商贸服务业从业人员	15
		工业生产性企业操作工人	15
		各类专业技术人员	10
		各类单位行政管理人员	10
		社区居民	10
	领导干部和公务员	县处级领导	1
		乡科级领导	3
		一般公务人员	16
	小计		140
千阳县	青少年	小学生	2
		初中生	4
		高中生	4
	农民	一般纯农业生产人员	14
		农业生产村领导干部	12
		农村各类服务业从业人员	12
		忙时务农闲时进城务工人员	12

续表

区县单位	重点人群	抽样分类	样本数
千阳县	城镇劳动者	商贸服务业从业人员	15
		工业生产性企业操作工人	15
		各类专业技术人员	10
		各类单位行政管理人员	10
		社区居民	10
	领导干部和公务员	县处级领导	1
		乡科级领导	3
		一般公务人员	16
	小计		140
高新区	青少年	小学生	6
		初中生	8
		高中生	6
	农民	一般纯农业生产人员	10
		农业生产村领导干部	10
		农村各类服务业从业人员	10
		忙时务农闲时进城务工人员	10
	城镇劳动者	商贸服务业从业人员	18
		工业生产性企业操作工人	18
		各类专业技术人员	12
		各类单位行政管理人员	12
		社区居民	10
	领导干部和公务员	县处级领导	1
		乡科级领导	3
		一般公务人员	16
	小计		150

续表

区县单位	重点人群	抽样分类	样本数
市委	领导干部和公务员	市级领导	1
		县处级领导	2
		乡科级领导	3
		一般公务人员	4
	小计		10
市人大	领导干部和公务员	市级领导	1
		县处级领导	2
		乡科级领导	3
		一般公务人员	4
	小计		10
市政协	领导干部和公务员	市级领导	1
		县处级领导	2
		乡科级领导	3
		一般公务人员	4
	小计		10
市政府	领导干部和公务员	市级领导	1
		县处级领导	2
		乡科级领导	3
		一般公务人员	4
	小计		10
重点企业	企业专业技术人员	管理人员	20
		研发人员	20
		生产操作人员	160
	小计		200
合计			2 150

附录 3
调查掠影

2018 年第四次调查掠影

深入村委会开展调查（1）

深入村委会开展调查（2）

深入村委会开展调查（3）

深入村委会开展调查（4）

大学生科普志愿者指导农民填写问卷（1）

大学生科普志愿者指导农民填写问卷（2）

深入农贸市场调查城镇劳动者（1）

深入酒店调查城镇劳动者（2）

深入企业开展调查（1）

深入企业开展调查（2）

深入医院开展调查（1）

深入医院开展调查（2）

深入社区开展调查（1）

深入社区开展调查（2）

深入政府机关调查领导干部和公务员（1）

深入政府机关调查领导干部和公务员（2）

深入学校调查青少年（1）

深入学校调查青少年（2）

数据录入（1）

数据录入（2）

科协领导督查调查工作（1）

科协领导督查调查工作（2）

2020年第五次调查掠影

调查农民人群（1）——金台区科协深入村委会开展调查

调查农民人群（2）——高新区入户开展调查

调查农民人群（3）——岐山县科协深入村委会开展调查

调查农民人群（4）——麟游县科协深入移民搬迁社区开展调查

调查农民人群（5）——千阳县科协深入村委会开展调查

调查领导和公务员人群（1）——凤翔区科协深入党政机关开展调查

调查领导和公务员人群（2）——岐山县科协深入党政机关开展调查

调查领导和公务员人群（3）——凤县科协深入党政机关开展调查

调查领导和公务员人群（4）——扶风县科协深入党政机关开展调查

调查领导和公务员人群（5）——陈仓区科协深入党政机关开展调查

调查企业技术人员（1）——扶风县科协深入企业开展调查

调查企业技术人员（2）——凤县科协深入企业开展调查

调查企业技术人员（3）——岐山县科协深入企业开展调查

调查企业技术人员（4）——太白县科协深入企业开展调查

调查青少年人群（1）——渭滨区科协深入中小学开展调查

调查青少年人群（2）——凤翔区科协深入中小学开展调查

调查青少年人群（3）——岐山县科协深入中小学开展调查

调查城镇劳动者——扶风县科协深入城镇开展调查

调查进城务工人员（1）——凤县科协深入社区开展调查

调查进城务工人员（2）——岐山县科协深入集贸市场开展调查

调查商贸服务业从业人员（1）——凤县科协深入酒店开展调查

调查商贸服务业从业人员（2）——眉县科协深入市场开展调查

调查商贸服务业从业人员（3）——陈仓区科协深入企业开展调查

调查问卷数据录入（1）

调查问卷数据录入（2）

调查数据分析

附录 4
《中国公民科学素质基准》

一、中国公民科学素质基准

《中国公民科学素质基准》（以下简称《基准》）是健全监测评估公民科学素质体系的重要内容，将为公民提高自身科学素质提供衡量尺度和指导。《基准》是中国公民应具备的基本科学技术知识和能力的标准。

《基准》包括科学知识、科学能力、科学精神三个领域，共26条基准，130个基准点，涵盖了《科学素质纲要》提出的科学技术知识、科学方法、科学思想和科学精神"四科"，处理实际问题的能力和参与公共事务的能力"两能力"的全部内容。

《基准》的结构表如附表1所示，其中，1~8条基准为科学知识范畴的内容，有44个基准点；9~18条基准为科学能力范畴的内容，有54个基准点；19~26条基准为科学精神范畴的内容，有32个基准点。

附表1 《中国公民科学素质基准》结构表

基准内容		
1. 了解生命现象、生物多样性与进化的基本知识。	1~7	7条
2. 掌握基本的数学运算和逻辑思维能力。	8~13	6条
3. 掌握基本的物理知识。	14~21	8条
4. 掌握基本的化学知识。	22~27	6条
5. 掌握基本的天文知识。	28~30	3条
6. 掌握基本的地球科学和地理知识。	31~36	6条
7. 了解人体生理知识。	37~40	4条
8. 掌握获取知识或信息的科学方法。	41~44	4条
9. 掌握安全饮食、合理营养的基本知识和方法，养成良好生活习惯。	45~51	7条
10. 知道常见疾病和安全用药的常识。	52~61	10条
11. 掌握安全出行基本知识，能正确使用交通工具。	62~64	3条

续表

基准内容		
12. 掌握安全用气、用电等的常识，能正确使用家用电器和电子产品。	65~67	3条
13. 了解农业生产的基本知识和方法。	68~72	5条
14. 具备基本劳动技能，能正确使用相关工具与设备。	73~77	5条
15. 具有安全生产意识，遵守安全生产规章制度和操作规程。	78~83	6条
16. 掌握常见事故的救援方法和急救知识。	84~88	5条
17. 掌握自然灾害的防御和应急避险的基本方法。	89~91	3条
18. 了解环境污染的危害及其应对措施，合理利用土地资源和水资源。	92~98	7条
19. 知道世界是可被认知的，能以科学的视角观察世界。	99~101	3条
20. 能够系统地分析和解决问题。	102~105	4条
21. 了解科学技术研究的过程和价值。	106~108	3条
22. 理解和支持技术创新。	109~114	6条
23. 了解科学和技术的关系，认识到技术具有两面性。	115~118	4条
24. 了解全球环境面临的问题，与自然和谐相处。	119~122	4条
25. 具有可持续发展意识。	123~127	5条
26. 崇尚科学，不轻信未经验证的信息。	128~130	3条

二、《中国公民科学素质基准》条目及基准点

《科学素质纲要》指出，公民具备基本科学素质一般指了解必要的科学技术知识，掌握基本的科学方法，树立科学思想，崇尚科学精神，并具有一定的应用处理实际问题、参与公共事务的能力。

《基准》涵盖了科学技术知识、科学方法、科学思想、科学精神四个方面，26条基准，130个基准点。26条基准提纲挈领地提出了公民需要掌握或了解的知识、应当具备的能力，每条基准下列出了相应的基准点，对基准进行了解释和说明。《基准》适用范围为18周岁以上，具有完全民事行为能力的中华人民共和国公民。

测评时，需从130个基准点中随机选取50个基准点进行考察，50个基准点需覆盖全部26条基准。考察形式为判断题或选择题，每题2分。科学知识、科学能力、科学精神三个范畴领域都需合格（对应题目达到60%的准确率）才算达标。

1. 了解生命现象、生物多样性与进化的基本知识。

（1）知道细胞是生命体的基本单位。

（2）知道生物可分为动物、植物与微生物，识别常见的动物和植物。

（3）知道地球上的物种是由早期物种进化而来，人是由古猿进化而来的。

（4）知道光合作用的重要意义，知道地球上的氧气主要来源于植物的光合作用。

（5）了解遗传物质的作用，知道 DNA、基因和染色体。

（6）了解各种生物通过食物链相互联系，抵制捕杀、销售和食用珍稀野生动物的行为。

（7）知道生物多样性是生物长期进化的结果，保护生物多样性，维护生态系统平衡。

2. 掌握基本的数学运算和逻辑思维能力。

（8）掌握加、减、乘、除四则运算，能借助数量的计算或估算来处理日常生活和工作中的问题。

（9）掌握米、千克、秒等基本国际计量单位及其与常用计量单位的换算。

（10）掌握概率的基本知识，并能用概率知识解决实际问题。

（11）能根据统计数据和图表进行相关分析，进行判断。

（12）具有一定的逻辑思维能力，掌握基本的逻辑推理方法。

（13）知道自然界存在着必然现象和偶然现象。解决问题讲究规律性，避免盲目性。

3. 掌握基本的物理知识。

（14）知道分子、原子是构成物质的微粒，所有物质都是由原子组成，原子可以结合成分子。

（15）区分物质主要的物理性质，如密度、熔点、沸点、导电性等，并能用它们解释自然界和生活中的简单现象；知道常见物质固、液、气三态变化的条件。

（16）了解生活中常见的力，如重力、弹力、摩擦力、电磁力等。知道大气压的变化及其对生活的影响。

（17）知道力是自然界万物运动的原因。能描述牛顿力学定律，能解释生活中常见的运动现象。

（18）知道太阳光由七种不同的单色光组成，认识太阳光是地球生命活动所需能量的最主要来源。知道无线电波、微波、红外线、可见光、紫外线、X 射线都是电磁波。

（19）掌握光的反射和折射的基本知识，了解成像原理。

（20）掌握电压、电流、功率的基本知识，知道电路的基本组成和连接方法。

（21）知道能量守恒定律。能量既不会凭空产生，也不会凭空消灭，只会从一种形式转化为另一种形式，或者从一个物体转移到其他物体，而总量保持不变。

4. 掌握基本的化学知识。

（22）知道水的组成和主要性质，举例说出水对生命体的影响。

（23）知道空气的主要成分。知道氧气、二氧化碳等气体的主要性质，并能列举其用途。

（24）知道自然界存在的基本元素及分类。

（25）知道质量守恒定律。化学反应只改变物质的原有形态或结构，质量总和保持不变。

（26）识别金属和非金属，知道常见金属的主要化学性质和用途。知道金属腐蚀的条件和防止金属腐蚀常用的方法。

（27）能说出一些重要的酸、碱和盐的性质，能说明酸、碱和盐在日常生活中的用途，并能用它们解释自然界和生活中的有关简单现象。

5. 掌握基本的天文知识。

（28）知道地球是太阳系中的一颗行星，太阳是银河系内的一颗恒星。宇宙由大量星系构成。了解"宇宙大爆炸"理论。

（29）知道地球自西向东自转一周的时间是一日，并形成昼夜交替现象；知道地球绕太阳公转一周的时间是一年，地球在公转过程中形成四季更迭现象。

（30）知道月球是地球的天然卫星，它绕地球公转一周的时间约为28天。

6. 掌握基本的地球科学和地理知识。

（31）知道固体地球由地壳、地幔和地核组成。地球的运动和地球内部的各向异性产生各种力，造成自然灾害。

（32）知道地球表层是地球大气圈、岩石圈、水圈、生物圈相互交接的层面，它构成与人类密切相关的地球环境。

（33）知道地球总面积中陆地面积和海洋面积的百分比，能说出七大洲、四大洋。

（34）知道我国主要地貌特点、人口分布、民族构成、行政区划及主要邻国，能说出主要山脉和水系。

（35）知道天气是指短时段内的冷热、干湿、晴雨等大气状态。知道气候是指多年气温、降水等大气的一般状态。能看懂天气预报及气象灾害预警信号。

（36）知道地球上的水在太阳能和重力作用下，以蒸发、凝结、降水和径流等方式不断运动，形成水循环。知道在水循环过程中，水的时空分布不均造成洪涝、干旱等灾害。

7. 了解人体生理知识。

（37）了解人体的生理结构和生理现象，知道心、肝、肺、胃、肾等主要器官的位置和生理功能。

（38）知道人体体温、心率、血压等指标的正常值范围，知道自己的血型。

（39）了解人体的发育过程和各发育阶段的生理特点。

（40）知道每个人的身体状况随性别、体重、活动以及生活习惯而不同。

8. 掌握获取知识或信息的科学方法。

（41）关注与生活和工作相关知识和信息，具有通过图书、报纸、杂志和网络等途径检索、收集所需知识和信息的能力。

（42）知道原始信息与二手信息的区别，知道通过调查、访谈和查阅文献等方式可以获取原始信息。

（43）具有初步加工整理所获的信息，将新信息整合到已有知识中的能力。

（44）具有利用多种学习途径终身学习的意识。

9. 掌握安全饮食、合理营养的基本知识和方法，养成良好生活习惯。

（45）关注饮用水、食品卫生与安全问题，有一定的鉴别日常食品卫生质量的能力。

（46）知道食物中毒的特点和预防食物中毒的方法。

（47）选择有益于健康的食物，做到合理营养、均衡膳食。

（48）知道吸烟、过量饮酒对健康的危害。

（49）知道适当运动有益于身体健康。

（50）知道保护眼睛、爱护牙齿等的重要性，养成爱牙护眼的好习惯。

（51）知道作息不规律等对健康的危害，养成良好的作息习惯。

10. 知道常见疾病和安全用药的常识。

（52）对疾病有预防为主、及时就医的意识。

（53）能正确使用体温计、体重计、血压计等家用医疗器具，了解自己的健康状况。

（54）知道病毒、细菌、真菌和寄生虫可以感染人体，导致疾病；知道污水和粪便处理、动植物检疫等公共卫生防疫和检测措施对控制疾病的重要性。

（55）知道常见传染病（如传染性肝炎、肺结核病、艾滋病、流行性感冒等）、慢性病（如高血压、糖尿病等）、突发性疾病（如脑梗塞、心肌梗塞等）的特点及相关预防、急救措施。

（56）了解常见职业病的基本知识，能采取基本的预防措施。

（57）知道心理健康的重要性，了解心理疾病、精神疾病基本特征，知道预防、调适的基本方法。

（58）知道遵医嘱或按药品说明书服药，了解安全用药、合理用药以及药物不良反应常识。

（59）知道处方药和非处方药的区别，知道自己过敏的药物。

（60）了解中医药是中国传统医疗手段，与西医相比各有优势。

（61）知道常见毒品的种类和危害，远离毒品。

11. 掌握安全出行基本知识，能正确使用交通工具。

（62）了解基本交通规则和常见交通标志的含义，以及交通事故的救援方法。

（63）能正确使用交通工具，定期对交通工具进行维修和保养。

（64）了解乘坐各类公共交通工具（汽车、火车、飞机、轮船等）的安全规则。

12. 掌握安全用气、用电等的常识，能正确使用家用电器和电子产品。

（65）安全使用燃气器具，初步掌握一氧化碳中毒的急救方法。

（66）了解安全用电常识，初步掌握触电的防范和急救的基本技能。

（67）能正确使用家用电器和电子产品，如电磁炉、微波炉、热水器、洗衣机、电风扇、空调、冰箱、收音机、电视机、计算机、手机、照相机等。

13. 了解农业生产的基本知识和方法。

（68）能分辨和选择食用常见农产品。

（69）知道农作物生长的基本条件、规律与相关知识。

（70）知道土壤是地球陆地表面能生长植物的疏松表层，是人类从事农业生产活动的基础。

（71）农业生产者应掌握正确使用农药、合理使用化肥的基本知识与方法。

（72）了解农药残留的相关知识，知道去除水果、蔬菜残留农药的方法。

14. 具备基本劳动技能，能正确使用相关工具与设备。

（73）在本职工作中遵循行业中关于生产或服务的技术标准或规范。

（74）能正确操作或使用本职工作有关的工具或设备。

（75）注意生产工具的使用年限，知道保养可以使生产工具保持良好的工作状态和延长使用年限，能根据用户手册规定的程序，对生产工具进行诸如清洗、加油、调节等保养。

（76）能使用常用工具来诊断生产中出现的简单故障，并能及时维修。

（77）能尝试通过工作方法和流程的优化与改进来缩短工作周期，提高劳动效率。

15. 具有安全生产意识，遵守安全生产规章制度和操作规程。

（78）在劳动中严格遵守安全生产规章制度和操作规程。

（79）了解工作环境与场所潜在的危险因素，以及预防和处理事故的应急措施，自觉佩戴和使用劳动防护用品。

（80）在生产经营活动中，管理者应加强监督和检查，安全、有效率地组织生产。

（81）知道有毒物质、放射性物质、易燃或爆炸品、激光等安全标志。

（82）知道生产中爆炸、工伤等意外事故的预防措施，一旦事故发生，能自我保护，并及时报警。

（83）了解生产活动对生态环境的影响，知道清洁生产标准和相关措施，有监督污染环境、安全生产、运输等的社会责任意识。

16. 掌握常见事故的救援方法和急救知识。

（84）了解燃烧的条件，知道灭火的原理，掌握常见消防工具的使用和在火灾中逃生自救的一般方法。

（85）了解溺水、异物堵塞气管等紧急情况的基本急救方法。

（86）选择环保建筑材料和装饰材料，减少和避免苯、甲醛、放射性物质等对人体的危害。

（87）了解有害气体泄漏的应对措施和急救方法。

（88）了解毒蛇、狂犬咬伤等紧急情况的基本急救方法。

17. 掌握自然灾害的防御和应急避险的基本方法。

（89）了解我国主要自然灾害的分布情况，知道本地区常见的自然灾害。

（90）了解地震、滑坡、泥石流、洪涝、台风、雷电、沙尘暴、海啸等主要自然灾害的特征及应急避险方法。

（91）能够应对主要自然灾害引发的次生灾害。

18. 了解环境污染的危害及其应对措施，合理利用土地资源和水资源。

（92）知道大气和海洋等水体容纳废物和环境自净的能力有限，知道人类污染物排放速度不能超过环境的自净速度。

（93）知道大气污染的类型、污染源与污染物的种类，以及控制大气污染的主要技术手段。能看懂空气质量报告。知道清洁生产和绿色产品的含义。

（94）自觉保护所在地的饮用水源。知道污水必须经过适当处理达标后才能排入水体。不往水体中丢弃、倾倒废弃物。

（95）知道工业、农业生产和生活的污染物进入土壤会造成土壤污染，不乱倒垃圾。

（96）保护耕地，节约利用土地资源，懂得合理利用草场、林场资源，防止过度放牧，知道应该合理利用荒山荒坡等未利用土地。

（97）知道过量开采地下水会造成地面沉降、地下水位降低、沿海地区海水倒灌。选用节水生产技术和生活器具，知道雨水、中水的合理利用；关注公共场合用水的查漏塞流。

（98）保护海洋，合理开发利用海洋资源。

19. 知道世界是可被认知的，能以科学的视角观察世界。

（99）树立科学世界观，知道世界是能够被认知的，但对世界的认知是有限的。

（100）认知世界和尊重科学规律能够让我们与世界和谐相处。

（101）科学技术是在不断发展的，科学知识本身需要不断深化。

20. 能够系统地分析和解决问题。

（102）知道系统内的各部分是相互影响的，复杂的结构可能是由很多简单的结构构成的。

（103）认识到整体具备各部分之和所不具备的功能。

（104）知道分析和解决问题的方法不一定是唯一的。

（105）知道解决一个问题可能会引发其他的问题。

21. 了解科学技术研究的过程和价值。

（106）了解科学技术研究的基本过程，掌握基本科学实验方法。

（107）知道科学研究应具备善于观察、好奇心、诚实和质疑精神等基本要素。

（108）对拟成为实验对象的人，要充分告知本人或其利益相关者实验可能存在的风险。

22. 理解和支持技术创新。

（109）知道移动通信、计算机、互联网等信息技术基础知识。

（110）关注科学技术发展。知道"基因工程""干细胞技术""纳米材料""热核聚变""大数据""云计算""互联网+"等高新技术。

（111）关注与本职工作有关的新知识、新技术的发展趋势。

（112）知道技术创新是提升个人和单位核心竞争力的保证。

（113）具有商标保护和品牌意识，了解品牌在企业竞争中的重要作用，知道创新是培育品牌的重要手段。

（114）知道在技术创新过程中专利制度和标准的重要意义和作用，具有知识产权保护意识。

23. 了解科学和技术的关系，认识到技术具有两面性。

（115）解决技术问题经常需要新的科学知识，新技术的应用常常会促进科学的进步。

（116）技术产生的影响常常超过了设计的初衷，技术也具有两面性，既能造福人类，也可能产生负面作用。

（117）技术的价值对于不同的人群或者在不同的时间，都可能是不同的。

（118）理性对待与科学技术相关的决策。

24. 了解全球环境面临的问题，与自然和谐相处。

（119）热爱自然，知道人是自然界的一部分，树立尊重自然、顺应自然、保护自然的生态文明理念。

（120）知道我们生活在一个相互依存的地球上，不仅全球的生态环境相互依存，经济社会等其他因素也是相互依存的。

（121）知道气候变暖、海平面上升、土地沙漠化、大气臭氧层破坏等全球性环境问题及其危害。

（122）知道恢复被破坏或退化的生态系统成本高、难度大、周期长。积极参加植树种草、绿化造林的活动。

25. 具有可持续发展意识。

（123）知道地球的人口承载力有限。了解矿产资源、化石能源等是不可再生资源，具有资源短缺的危机意识和节约资源与能源的意识，节约用水、用电、用油、用煤、用气，节约粮食。

（124）了解人类使用可再生资源的速度应不超过其再生速度，使用不可再生资源的速度应不超过其再生替代物的开发速度，具有可持续发展的意识。

（125）知道开发和利用太阳能、风能、核能和海洋能是解决未来能源短缺的重要途径。了解核电站事故、核废料的放射性等危害。

（126）了解建筑节能的基本措施和方法。了解材料的再生利用可以节省资源，做到生活垃圾分类堆放，以及可再生资源的回收利用，节约各种材料，少用一次性用品。

（127）懂得发展既要满足当代人的需求，又不损害后代人满足其需求的能力。经济发展不能走"先污染，后治理"的道路。

26. 崇尚科学，不轻信未经验证的信息。

（128）实践是检验真理的唯一标准，实验是检验科学真伪的重要手段。

（129）解释自然现象要依靠科学理论，对尚不能用科学理论解释的自然现象不迷信。

（130）知道信息受发布者的背景和意图，初步辨识不准确和误导的信息。

附录 5

《中国公民科学素质基准》题库（500题）

一、知道世界是可被认知的，能以科学的态度认识世界。

1. 树立科学世界观，知道世界是物质的，是能够被认知的，但对世界的认知是有限的。

（1）著名科学家霍金在他的新书《大设计》里说，宇宙不是上帝创造的，而是由于存在万有引力等定律，因此宇宙能够从无到有自己创造自己。下列关于霍金的观点说法正确的有（　　）

①说明世界的本原是客观的；②否定宇宙之外存在创造者；③承认世界是可以被认识的；④符合唯心主义的认识路线。

A．①②③　　　　B．①②④　　　　C．①③④　　　　D．②③④

（2）德国哲学家费尔巴哈说："如果上帝的观念是鸟类创造的，那么上帝一定是长着羽毛的动物；假如牛能绘画，那么它画出来的上帝一定是一头牛。"上述观点蕴含的哲学道理是（　　）

A．只要有了人脑，就能产生意识　　　　B．人脑是产生意识的物质器官

C．错误的意识不是客观事物的反映　　　D．意识的根源在于客观存在

2. 尊重客观规律能够让我们与世界和谐相处。

（3）当我国部分地区发现空气中小颗粒物 PM2.5 水平超标时，部分地区出台了控制车流量、治理污染等相关措施，这体现了（　　）

A. PM2.5 对我们没什么伤害

B. 现代城市车流量过大亟需管控

C. 认知世界和尊重科学规律能够让我们与世界和谐相处

D. 二者没有联系

（4）20 世纪 50 年代，由于人口剧增，生产力水平低下，吃饭问题成为中国面临的首要问题，于是人们不得不靠扩大耕地面积增加粮食产量。当时，北大荒人烟稀少、一片荒凉。经过半个世纪的开垦，北大荒成了全国闻名的"北大仓"。然而由于过度开垦造成了许多生态问题，现在垦区全面停止开荒，退耕还"荒"。这说明（　　）

A. 人与自然的和谐最终以恢复原始生态为归宿

B. 人们改造自然的一切行为都会遭到"自然界的报复"

C. 人在自然界面前总是处于被支配的地位

D. 人们应合理地调节人与自然之间的物质变换

3. 科学技术是在不断发展的，科学知识本身需要不断深化和拓展。

（5）现代科学理论还不能完全解释中医的神奇功效，但不能因此断定中医的治疗方法不科学。（   ）

（6）"朝霞不出门，晚霞行千里"，这是人们在长期的生产实践中观察气象得出的结论。这表明（   ）

　　A. 意识是对客观事物的正确反映　　B. 实践是认识的主要来源

　　C. 认识可以能动地改造客观世界　　D. 规律是可以认识和利用的

4. 知道哲学社会科学同自然科学一样，是人们认识世界和改造世界的重要工具。

（7）恩格斯说："人在怎样的程度上学会改变自然界，人的智力就在怎样的程度上发展起来。"这句话主要说明（   ）

　　A. 哲学的智慧产生于人类的实践活动　　B. 认识世界需要智慧

　　C. 哲学的智慧是人们主观产生的　　　　D. 学习哲学使人聪明

（8）"人不能两次踏进同一条河流"的观点（   ）

　　A. 否认了世界的物质性

　　B. 承认意识能够正确地反映客观事物

　　C. 肯定了物质运动的绝对性

　　D. 夸大了物质的运动

5. 了解中华优秀传统文化对认识自然和社会、发展科学和技术具有重要作用。

（9）我国南北朝时期的范缜说："形存则神存，形谢则神灭""形者神之质，神者形之用"，哲学家贝克莱认为"存在即被感知""物是观念的集合"。从哲学上看，上述两种观点（   ）

　　A. 都肯定了世界是客观存在的物质世界

　　B. 都肯定了意识是世界的本质

　　C. 前者肯定物质决定意识，后者认为意识决定物质

　　D. 前者属于唯心主义，后者属于唯物主义

（10）我国战国后期的成都平原，洪水泛滥吞没良田，十年九不收。郡守李冰为治理水患，倡导兴建了水利工程都江堰，改变了成都平原水害、旱灾交织的局面。这一事例说明（   ）

　　A. 人们可以利用对规律的认识，改变或创造规律，限制某些规律发生作用，直到变害为利

　　B. 人们能够利用对事物规律的认识，指导自己的行动

　　C. 人们可以把成功经验作为行动的向导

D. 规律的存在和发生作用是绝对的、无条件的

二、知道用系统的方法分析问题、解决问题。

6. 知道世界是普遍联系的，事物是发展变化的、对立统一的。能用普遍联系的、发展的观点认识问题和解决问题。

（11）一块磁铁有南极和北极之分，只有南极或只有北极的磁铁是不存在的。这一事实说明（　　）

A. 事物自身包含着既对立又统一的关系
B. 事物之间都存在着相互依赖的关系
C. 矛盾分析法是科学的工作方法
D. 不同事物的性质是截然不同的

（12）人们常说"是药三分毒"，但我们生病时还是要吃药，因为我们看重的是那七分的药效。这里蕴含的哲理是（　　）

A. 事物的整体对部分具有统帅作用
B. 认识事物要注重把握矛盾主要方面
C. 事物变化发展是量变和质变的统一
D. 主次矛盾在一定条件下可以相互转化

7. 知道系统内的各部分是相互联系、相互作用的，复杂的结构可能是由很多简单的结构构成的。认识到整体具备各部分之和所不具备的功能。

（13）苏轼在《琴诗》中写道："若言琴上有琴声，放在匣中何不鸣？若言声在指头上，何不于君指上听？"琴、指头、琴声三者之间的联系表明（　　）

A. 事物与事物之间是有区别的
B. 系统和要素是可以相互转化的
C. 整体的功能总是大于部分功能之和
D. 整体可以具有部分所没有的功能

（14）每个人都在追逐自己的梦想，这构成了"中国梦"的一块块基石。"中国梦"的建构，又为个人放飞自己的梦想提供了平台和土壤。这体现的哲学道理有（　　）

①整体和部分有着不可分割的联系；②整体功能总是大于各部分功能之和；③整体的功能状态及其变化影响部分；④部分制约整体，部分的发展对整体的发展起主导作用。

A. ①②　　　B. ①③　　　C. ②③　　　D. ①④

8. 知道可能有多种方法分析和解决问题，知道解决一个问题可能会引发其他的问题。

（15）下列选项中，不属于有效解决问题应具备的态度是（　　）

A. 宏大的全局视野　　　　　　B. 固有的工作套路

C. 灵活多变的思维　　　　　　D. 随机应变的智慧

（16）解决问题需要一定方法，你最赞成的是（　　）

A. 用复杂方法解决复杂问题　　B. 用简单方法解决复杂问题

C. 用简单方法解决简单问题　　D. 用复杂方法解决简单问题

9. 知道格物致知、阴阳五行、天人合一等中国传统哲学思想方法，是中国古代朴素的辩证唯物论和整体系统的方法论，并具有现实意义。

（17）下列观念中，造成中国文化中追求和谐社会这一理想主义倾向的观念是（　　）

A. 知行合一　　　　　　　　　B. 天人合一

C. 重义轻利　　　　　　　　　D. 文以载道

（18）下列哪种说法没有体现中国传统哲学的整体观（　　）

A. "人法地，地法天，天法道，道法自然"

B. "尽其心者，知其性也。知其性，则知天矣"

C. "仁者，以天地万物为一体"

D. "独中又自有对"

（19）阴阳学说是中国古代朴素的对立统一理论，是古人探求宇宙本源和解析宇宙变化的一种世界观和方法论，属于中国古代唯物论和辩证法的范畴。（　　）

（20）五行学说是中国古代的一种朴素的唯物主义哲学思想，是一种朴素的系统论。宇宙间一切事物都是由木、火、土、金、水五种物质元素组成，自然界各种事物和现象的发展变化，都是这五种物质不断运动和相互作用的结果。（　　）

三、具有基本的科学精神，了解科学技术研究的基本过程。

10. 具备求真、质疑、实证的科学精神，知道科学技术研究应具备好奇心、善于观察、诚实的基本要素。

（21）科学精神源于人类的求知、探索精神和理性、实证的传统，并随着科学实践不断发展，内涵也更加丰富。（　　）

（22）要发扬求真务实的科学文化，需要倡导追求真理、不容许失败的科学思想。（　　）

（23）科学精神内涵十分丰富，最基本的是（　　）

A. 探索真理、崇尚真理　　　　B. 求真务实、开拓创新

C. 合理怀疑与理性批判　　　　D. 反对迷信、伪科学

11. 了解科学技术研究的基本过程和方法。

（24）有人为了使花开得更长久些，在水中放了些糖，以增加水中的营养；但也有人对此反对，说水中加糖，会使细胞失水，花反而更容易枯萎。下面的论证方法中，你最倾向于（　　）

（25）假如您是一位科学家，在实验收集数据时，发现一位助手的小部分数据测算不准确，但是试验整体结果却是符合预期的，你觉得下列哪个说法是正确的？（　　）

A. 说明这个试验的设计肯定出了问题，必须重新设计

B. 只有一位助手的小部分数据测算不准确，不妨碍试验结果的得出

C. 可能是助手不称职，可能要做好辞退这位助手的准备

（26）某大工厂的进口设备出现问题，请了一位科学家来检查，这个人的收费很高。虽然之前也请过很多高级工程人员，但没能解决问题。厂里的工人都觉得应该多找几个年长有经验的老工人一起逐个部位拆卸检查，请科学家来岂不是纸上谈兵？结果科学家顺利解决了这个问题，他经过几天测试和计算，在庞杂设备中一个不起眼的配件处画了一个圈，结果发现是那里出现了问题。工人们感叹一个圈就能值百万，以下他们的这些说法，您最赞同哪个？（　　）

A. 人家知识人就是不一样，有文凭就能拿好多钱

B. 人家的功夫不在手艺活上，能看出背后的道道来

C. 完全是运气，碰上了吧

D. 他没拆开就能看见里面，可能是有特异功能

12. 对拟成为实验对象的人，要充分告知本人或其利益相关者实验可能存在的风险。

（27）对拟成为实验对象的人，要充分告知本人或其利益相关者实验可能存在的风险。（　　）

（28）假设你是一个制药公司的首席科学家，正在推广一种新药，这种药可以有效治疗抑郁症，前景被广泛看好，某天你无意中发现这种药可能引起异常的兴奋，除此之外没有发现其他任何副作用。抑郁症患者吃完后，0.01%的患者会兴奋得整夜睡不着，当你询问他们的时候他们表示，抑郁症之后从没有这样开心过，引发极度亢奋在他们眼中根本不是副作用，而是雪中送炭。根据国家对药品的管理规定，制造公司应该将这种药物会引发兴奋写进药物说明书中。（　　）

四、具有创新意识，理解和支持科技创新。

13. 知道创新对个人和社会发展的重要性，具有求新意识，崇尚用新知识、新方法解决问题。

（29）科技创新成为人类一切文明、进步的源泉，成为决定国家或区域竞争

力的第一要素。（　　）

（30）自主创新是科技发展的灵魂，是一个民族发展的不竭动力，是支撑国家崛起的筋骨。（　　）

（31）创新文化是国家创新体系中不可或缺的关键资源，也是国家竞争力的重要组成部分。（　　）

（32）"技术创新"的完整概念，是指对新技术的研究开发以及（　　）
A. 产品化与信息化过程　　　　B. 信息化与商品化过程
C. 商品化与专利化过程　　　　D. 产品化与商品化过程

（33）"技术创新"可以优化产业结构。（　　）

14. 知道技术创新是提升个人和单位核心竞争力的保证。

（34）一家公司的寿命要长久，最核心的是（　　）
A. 宣传能力　　　　　　　　B. 资金实力
C. 创新能力　　　　　　　　D. 办公条件

（35）现代创新理论的提出者约瑟夫·熊彼特认为，创新的主体是（　　）
A. 政府　　B. 企业　　C. 个人　　D. 学者

（36）（　　）是指通过对各种现有技术的有效集成，形成有市场竞争力的产品或者新兴产业。
A. 原始创新　　　　　　　　B. 创造性模仿
C. 引进消化吸收再创新　　　D. 集成创新

（37）华为企业提倡的"狼"性特征的创新型专业技术人员可以不具有以下什么样的特征（　　）
A. 敏锐的嗅觉　　　　　　　B. 不屈不挠，奋不顾身的进攻精神
C. 凶猛好斗　　　　　　　　D. 群体奋斗

15. 尊重知识产权，具有专利、商标、著作权保护意识。知道知识产权保护制度对促进技术创新的重要作用。

（38）专利制度有利于激励人们创新发明的积极性。（　　）

（39）在我国历史上有许多创新与发明，如活字排版、造纸术等，你认为比较可行的是可以申请世界（　　）
A. 发明奖　　　　　　　　　B. 文化遗产
C. 专利　　　　　　　　　　D. 贡献奖

（40）技术创新过程中，以下不是属于知识产权保护范围的是（　　）
A. 专利　　　　　　　　　　B. 法规
C. 商标　　　　　　　　　　D. 著作权

16. 了解技术标准和品牌在市场竞争中的重要作用，知道技术创新对标准和品牌的引领和支撑作用，具有品牌保护意识。

（41）下列市场中较流行一些品牌中，属于我国自主品牌的是（　　）
A. 百事可乐　　　　　　　　B. 通用电气

C. 中华牙膏　　　　　　　　　　D. 光明乳业

（42）当前培育品牌的重要手段是要靠自主创新。（　　）

（43）一个自主创新的品牌是靠长期积累培育成功的。（　　）

（44）小王通过模仿其他公司的产品，今年盈利达三百万人民币，所以模仿可以替代创新成为企业的核心竞争力。（　　）

17. 关注与自己的生活和工作相关的新知识、新技术。

（45）关注专业新知识、新技术的发展，这首先是因为（　　）

A. 指导别人的需要　　　　　　B. 自身发展的需要

C. 改变现状的需要　　　　　　D. 继承传统的需要

（46）现代创新理论之父熊彼特提出：创新是把一种新的生产要素和新的生产条件"新结合"引入（　　）

A. 理论体系　　　　　　　　　B. 逻辑体系

C. 思维体系　　　　　　　　　D. 生产体系

18. 关注科学技术发展。知道"基因工程""干细胞""纳米材料""热核聚变""大数据""云计算""互联网＋"等高新技术。

（47）近年来，我国取得了一大批举世瞩目的科技成就，以下重大工程与命名对应错误的是（　　）

A. 月球车——嫦娥号

B. 深海载人潜水器——蛟龙号

C. 全球卫星导航系统——北斗

D. 中国高速铁路动车组——和谐号

（48）下列科学概念中，事关人体健康与发展的是（　　）

A. 引力　　　　　　　　　　　B. DNA

C. 板块构造　　　　　　　　　D. 宇宙大爆炸

（49）基因工程、干细胞技术和纳米材料研究的共同特点是（　　）

A. 关注宏观领域的技术　　　　B. 关注中观领域的技术

C. 关注微观领域的技术　　　　D. 关注不同领域的技术

（50）智能手机与非智能手机最大的区别在于。（　　）

A. 播放音乐　　　　　　　　　B. 浏览网页

C. 拍照片　　　　　　　　　　D. 操作系统

（51）尖端科学技术离我们很远，和普通人的生活没有太大关系。（　　）

五、了解科学、技术与社会的关系，认识到技术产生的影响具有两面性。

19. 知道解决技术问题经常需要新的科学知识，新技术的应用常常会促进科学的进步和社会的发展。

（52）农业生产中有这样的谚语：清明前后，栽瓜种豆。而今随着科技的发

展，随时可以生产反季节蔬菜。这说明（　　）

　　A．规律具有主观性　　　　　　B．规律既能被创造也能被消灭

　　C．科技是认识发展的动力　　　D．人可以认识并利用规律

20. 了解中国古代四大发明、天算农医以及近代科技成就及其对世界的贡献。

（53）中国古代四大发明中什么对航海有直接的促进作用（　　）

　　A．印刷术　　　　　　　　　　B．造纸术

　　C．指南针　　　　　　　　　　D．火药

（54）中国古代四大发明中，影响最为久远，对文明发展和社会进步的积极作用最为显著的是（　　）

　　A．印刷术　　　　　　　　　　B．造纸术

　　C．指南针　　　　　　　　　　D．火药

21. 知道技术产生的影响具有两面性，而且常常超过了设计的初衷，既能造福人类，也可能产生负面作用。

（55）一般来说，"技术创新"会造福人类，但有时也可能带来负面影响。（　　）

（56）核武器就不应该被制造出来，核武器研究也不该被发展。（　　）

22. 知道技术的价值对于不同的人群或者在不同的时间，都可能是不同的。

（57）电话、网络给我们带来了极大的方便，但也有不少诈骗电话、短信骚扰我们，网络上存在很多虚假消息、谣言等。你怎么看待（　　）

　　A．技术在应用过程中，会随着使用者的不同产生不同的价值，是正常现象，不用管

　　B．会给人类带来负面作用的技术，应该限制其发展、使用

　　C．继续大力发展、应用该技术，不用太多考虑该技术应用带来的问题

　　D．继续发展、应用该技术，同时加强监管，遏制该技术的不正当使用

23. 对于与科学技术相关的决策能进行客观公正地分析，并理性表达意见。

（58）国家提出了大力发展电动汽车的政策，但目前废旧电池的处理可能带来环境污染，你认为（　　）

　　A．终止这一政策的实施

　　B．大力推行政策实施，电池处理问题以后考虑

　　C．推进电动汽车政策，同时建议国家组织力量解决电池处理污染难题

　　D．暂停该政策实施，待电池处理污染问题解决后再启动

（59）转基因食品危害人体健康，所以不应该加大对转基因研究的投入。（　　）

六、树立生态文明理念，与自然和谐相处。

24. 知道人是自然界的一部分，热爱自然、尊重自然、顺应自然、保护自然。

（60）人也是自然界的组成部分。（　　）

（61）关于人与自然的关系，你比较认同的观点是（　　）

　　A. 人类生存决定自然环境　　　　B. 自然环境决定人类生存
　　C. 人类生存与自然环境相互影响　　D. 人类生存与自然环境没有关系

（62）根据中国人与生物圈国家委员会提供的一份调查显示：我国已有22%的自然保护区由于开展生态旅游而造成保护对象的破坏，11%出现旅游资源退化。对此，一批批有识之士选择当环保志愿者，去保护我们的大自然。这是因为（　　）

①大自然是人类的朋友；②人与大自然的不和谐之音已越来越严重；③善待大自然就等于善待我们人类自己；④大自然是我们赖以生存和发展的物质基础，是我们共同的家园。

　　A. ①②③④　　　　　　　　　　B. ②③④
　　C. ③④　　　　　　　　　　　　D. ①②

（63）太湖水污染及蓝藻监测预警于2012年4月1日启动，江苏省总投入已达700亿元。我们要善待自然，就要做到（　　）

①保护自然，做大自然的朋友；②不向自然界索取任何东西；③采取积极措施预防和减少对大自然的破坏；④合理利用自然资源，保护生态环境。

　　A. ①②③　　　　　　　　　　　B. ①②④
　　C. ②③④　　　　　　　　　　　D. ①③④

（64）5月22日是联合国确立的国际生物多样性日。生物多样性及其所提供的多重生态服务对于实现保障世界用水的目标至关重要。这说明（　　）

①地球物种和栖息地及其所提供的物品和服务是人类财富、健康与复制的基础；②人类是万物之灵，是自然界的主宰；③水是生命之源，保护生物多样性就是保护人类的生命；④地球生态系统如果发生不可挽回的变化，人类文明将不复存在。

　　A. ①②③　　　　　　　　　　　B. ②③④
　　C. ①③④　　　　　　　　　　　D. ①②④

25. 知道我们生活在一个相互依存的地球上，不仅全球的生态环境相互依存，经济社会等其他因素也是相互关联的。

（65）冰岛火山喷发对国际航空业的影响已造成欧洲自第二次世界大战以来最严重的航空混乱。由于空中交通几乎瘫痪，欧洲粮食、药物等开始出现短缺。这说明地球上一个地方一件事情的发生有可能导致全球生态环境、经济社会等方面出现重大问题。（　　）

（66）2008 年爆发的金融海啸，不仅席卷了美国，还波及其他发达国家，也波及许多发展中国家，世界经济举步维艰，这说明（   ）

A. 联系是人为创造的 B. 联系是主观随意的
C. 否认了联系的多样性 D. 世界是一个有机联系的整体

26. 知道气候变化、海平面上升、土地荒漠化、大气臭氧层破坏等全球性环境问题及其危害。

（67）气候变化是一个（   ）

A. 发达国家环境问题 B. 发展中国家环境问题
C. 全球性的环境问题 D. 北半球国家环境问题

（68）海平面上升是一个全球性的环境问题，其主要原因是（   ）

A. 地面沉降 B. 气候变暖
C. 土地沙漠化 D. 雨水增多

（69）以下不是造成土地沙漠化的原因是（   ）

A. 长期超采地下水 B. 降水少
C. 气候干旱 D. 减少草场放牧时间

（70）践行低碳生活可以有效遏制气候变暖（   ）

27. 知道生态系统一旦被破坏很难恢复。恢复被破坏或退化的生态系统成本高、难度大、周期长。

（71）对保护生态系统，你的看法是（   ）

A. 树砍了只要再种下去还会长，没必要保护森林
B. 河水是流动的，污染了也没事，都能流走
C. 先把经济搞上去，有了钱再治理、恢复污染的环境来得及
D. 草原一旦退化成沙漠，就很难再恢复成草原，破坏容易重建难

七、树立可持续发展理念，有效利用资源。

28. 知道发展既要满足当代人的需求，又不损害后代人满足其需求的能力。

（72）可持续发展的意识主要是指具有（   ）

A. 人与自然协调意识 B. 资源开发意识
C. 保护能源意识 D. 经济发展意识

（73）为了使森林资源保持其可再生的特性，我们应该（   ）

A. 加快砍伐来促其再生 B. 全面造林来促其再生
C. 适度利用来促其再生 D. 停止利用来促其再生

（74）即使不可再生资源，通过技术也可找到替代物，所以人类应该（   ）

A. 不必担忧其枯竭 B. 使用与开发替代物兼顾
C. 加快利用求发展 D. 找到替代物后才能利用

29. 知道地球的人口承载力是有限的。了解可再生资源和不可再生资源，知道矿产资源、化石能源等是不可再生的。具有资源短缺的危机意识和节约物质资源、能源意识。

（75）对于不可再生的资源和能源，比较可取的利用方式是（　　）。

　　A. 暂时不用　　　　　　　　B. 用完再说

　　C. 加快使用　　　　　　　　D. 循环使用

（76）人口与资源基本国情是一个国家经济发展的根本基础。（　　）

（77）我国人均占有土地资源高于世界平均水平。（　　）

（78）我国目前存在资源、能源短缺的问题，最主要原因是（　　）

　　A. 储藏总量少　　　　　　　B. 利用率低

　　C. 人均量小　　　　　　　　D. 缺少技术

（79）煮同样多的米饭，用以下哪种锅更省电（　　）

　　A. 功率大的锅　　　　　　　B. 容积大的锅

　　C. 可以调节的锅　　　　　　D. 容积小的锅

（80）将节能灯安装在经常需要开关的地方比较合适。（　　）

30. 知道开发和利用水能、风能、太阳能、海洋能和核能等清洁能源是解决能源短缺的重要途径。知道核电站事故、核废料的放射性等危害是可控的。

（81）地球生命活动所需的能量，最主要来源是（　　）。

　　A. 太阳光　　　　　　　　　B. 月球反射光

　　C. 地热资源　　　　　　　　D. 矿产资源

（82）科学家公认，未来人类最合适、最安全、最绿色、最理想的替代能源是（　　）。

　　A. 原子能　　　　　　　　　B. 太阳能

　　C. 风能　　　　　　　　　　D. 潮汐能

31. 了解材料的再生利用可以节省资源，做到生活垃圾分类堆放，以及可再生资源的回收利用，减少排放。节约使用各种材料，少用一次性用品。了解建筑节能的基本措施和方法。

（83）以下哪一种废弃物还没有专门回收利用。（　　）

　　A. 废电视机　　　　　　　　B. 空易拉罐

　　C. 过期食品　　　　　　　　D. 陈旧衣被

（84）节约使用材料是"绿色生活"的一个标志。（　　）

（85）社区中有一个垃圾箱的标志如右图所示，它表示收取的是（　　）

　　A. 有害垃圾　　　　　　　　B. 装修垃圾

　　C. 可回收垃圾　　　　　　　D. 厨房垃圾

八、崇尚科学，具有辨别信息真伪的基本能力。

32. 知道实践是检验真理的唯一标准，实验是检验科学真伪的重要手段。

（86）"竹外桃花三两枝，春江水暖鸭先知。"诗人用拟人手法告诉我们以下哲理（　　）。
　　A. 实践是认识的来源　　　　　B. 实践是获得知识的唯一途径
　　C. 创新源于人们想象　　　　　D. 认识是不断向前发展的

（87）我国古代把蜃景看成是客观存在的仙境是不科学的。（　　）

（88）人在梦境中大喊大叫预示灾祸将要降临。（　　）

（89）手相面相是能看得出命运，是信则有不信则无的。（　　）

（90）日全食是可预见的正常自然现象，与重大灾难的预兆无关。（　　）

（91）对于大年初五放鞭炮可以迎财神的观点，你认为下面哪一种说法较为合理（　　）
　　A. 不可全信，不可不信　　　　B. 这是一种风俗，不妨随俗
　　C. 放鞭炮增信心能发财　　　　D. 放鞭炮和发财没有相关性

（92）魔术表演是一种艺术，但不是真的。（　　）

（93）验证是否迷信，你一般会认同以下哪种方式？（　　）
　　A. 考察反映的事实是否可重复　　B. 分析它能否说出一些道理
　　C. 回忆自己是否曾经听说过　　　D. 看看身边其他人是否相信

33. 知道解释自然现象要依靠科学理论，尊重客观规律，实事求是，对尚不能用科学理论解释的自然现象不迷信、不盲从。

（94）现代科学理论还不能完全解释中医的神奇功效，但不能因此断定中医的治疗方法不科学。（　　）

（95）手相算命不可靠，电脑算命才科学。（　　）

（96）下列关于动物行为与天气变化关系的谚语中，不正确的是（　　）
　　A. 喜鹊枝头叫，出门晴天报　　B. 蛤蟆哇哇叫，大雨就要到
　　C. 小狗乱打架，出门防雷打　　D. 蚯蚓路上爬，雨水乱如麻

34. 知道信息可能受发布者的背景和意图影响，具有初步辨识信息真伪的能力，不轻信未经核实的信息。

（97）甄别信息的价值是考察信息发布者的名气大小。（　　）

（98）网络信息往往有真伪，你对信息查询结果的看法是。（　　）
　　A. 充分相信　　　　　　　　　B. 不能相信
　　C. 需要甄别　　　　　　　　　D. 无所谓

（99）网民在网上发布信息，要受到国家法律和社会道德的制约。（　　）

九、掌握获取知识或信息的科学方法。

35. 关注与生活和工作相关的知识和信息，具有通过图书、报纸、杂志和网络等途径检索、收集所需知识和信息的能力。

（100）凡是网络查到的信息都是可用的可靠信息。（   ）

（101）在互联网中检索《时间简史》的作者，一般可输入（   ）

A. 时间简史 　　　　　　　　　　B. 时间简史作者是谁
C. 时间简史的作者 　　　　　　　D. 时间简史　作者

（102）对互联网的信息安全破坏性最大的是（   ）

A. 病毒 　　　　　　　　　　　　B. 软件
C. 硬件 　　　　　　　　　　　　D. 防火墙

（103）安全而健康地使用计算机，就要注意（   ）

A. 经常下载视频信息 　　　　　　B. 经常删除不良信息
C. 不断更新电脑硬件 　　　　　　D. 定期开展信息交流

36. 知道原始信息与二手信息的区别，知道通过调查、访谈和查阅原始文献等方式可以获取原始信息。

（104）对获取的二手信息，如要使用，最可靠的方法是（   ）

A. 仔细甄别 　　　　　　　　　　B. 相信名家
C. 不断修正 　　　　　　　　　　D. 少量选用

（105）想获取第一手信息，就不能借助于（   ）

A. 实地调查 　　　　　　　　　　B. 走访当事人
C. 查找原始资料 　　　　　　　　D. 听相关评论

（106）对于互联网上的非正式信息，要通过多方面的求证查找到原始出处才能判断其信息的可靠性。（   ）

（107）《爱因斯坦文集》与《爱因斯坦传》相比，后者是原始信息。（   ）

37. 具有初步加工整理所获取的信息，将新信息整合到已有的知识中的能力。

（108）目前速度最快的信息是源于（   ）

A. 报纸的信息 　　　　　　　　　B. 网络的信息
C. 电视的信息 　　　　　　　　　D. 电台的信息

（109）对获得信息进行整合和提炼，有助于提高人的综合统筹能力和逻辑推理能力。（   ）

38. 具有利用多种学习途径终身学习的意识。

（110）"活到老、学到老"只是对老年人而提的要求。（   ）

（111）所谓"终身学习"是指（   ）

A. 在老年大学的学习 　　　　　　B. 在学历后的所有学习
C. 在社区大学的学习 　　　　　　D. 在所有学校中的学习

十、掌握基本的数学运算和逻辑思维能力。

39. 掌握加、减、乘、除四则运算，能借助数量的计算或估算来处理日常生活和工作中的问题。

（112）数学主要研究的是（   ）

A. 形象思维　　　　　　　　　B. 数字规律

C. 形、数及其关系　　　　　　D. 数据与社会关系

（113）数学被使用在包括科学、工程、医学和经济学等不同领域，用于这些领域的数学通常被称为（   ）

A. 应用数学　　　　　　　　　B. 基础数学

C. 理论数学　　　　　　　　　D. 模糊数学

（114）城市中每层住宅楼的高度大约是（   ）。

A. 2 米　　　　　　　　　　　B. 3 米

C. 4 米　　　　　　　　　　　D. 5 米

40. 掌握米、千克、秒等基本国际计量单位及其与常用计量单位的换算。

（115）我们日常生活中常用的 1 斤是（   ）

A. 50 克　　　　　　　　　　 B. 1 千克

C. 0.5 千克　　　　　　　　　D. 200 克

（116）在面积计量中 1 亩对应（   ）

A. 0.67 公顷　　　　　　　　 B. 0.33 公顷

C. 666.67 平方米　　　　　　 D. 100 平方米

41. 掌握概率的基本知识，并能用概率知识解决实际问题。

（117）如果一道试题有 75% 的解答人都答不对，说明这道试题（   ）

A. 有质量　　　　　　　　　　B. 有水平

C. 有难度　　　　　　　　　　D. 有意义

（118）吸烟是否会导致肺癌？你的判断是（   ）

A. 张某吸烟 30 年，至今未患肺癌，所以吸烟不会导致肺癌

B. 李某吸烟 30 年，已经患了肺癌，所以吸烟会导致肺癌

C. 王某从不吸烟，已经患了肺癌，所以吸烟不会导致肺癌

D. 据临床统计，吸烟者比不吸烟者患肺癌高 10 倍，所以吸烟会导致肺癌

（119）医生告诉一对夫妇，由于他们具有相同的病态基因，如果他们生育一个孩子，这个孩子患遗传病的概率为四分之一，以下哪个说法是正确的？（   ）

A. 如果他们生育三个孩子，那么这三个孩子都不会得遗传病

B. 如果他们的第一个孩子有遗传病，那么后面的三个孩子不会得遗传病

C. 如果他们的前三个孩子都很健康，那么第四个孩子肯定得遗传病

D. 他们的孩子都有可能得遗传病

42. 能根据统计数据和图表进行相关分析，做出判断。

（120）价格变动会引起需求量的变动，但不同商品的需求量对价格变动的反映程度是不同的。一般而言，生活必需品的需求量随价格变动的幅度相对较小，图1与图2是生活必需品和高档耐用品的需求曲线，如果用横轴 OQ 代表需求量，纵轴 OP 代表价格。对此说明正确的是（　　）

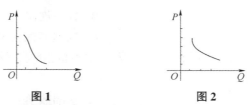

图1　　　　　　　　图2

A. 图1表示的是生活必需品需求曲线，图2表示的是高档耐用品需求曲线

B. 图1表示的是高档耐用品需求曲线，图2表示的是生活必需品需求曲线

C. 图1和图2都表示价格越高，该种商品需求量越大

D. 图1和图2都表示市场需求量决定价格

（121）下调公交车车票价格，乘坐公交车的人次增加，能够正确反映这一变化的图形是（　　）

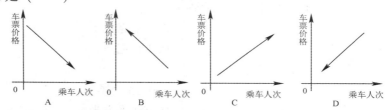

（122）下面是一幅单个技术发展的轨道图，横坐标表示时间，纵坐标表示技术成熟度，t_1 表示这个技术被发明的时间点。这个示意图至少说明了这个技术（　　）

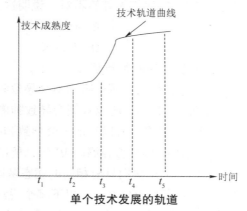

单个技术发展的轨道

A. 很伟大　　　　　　　　　　B. 在早期并不完善

C. 很有市场前景　　　　　　　D. 在各阶段发展速度相同

（123）下图是北宋商税额简图（单位：万贯），对该图分析正确的是北宋（　　）

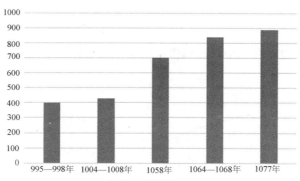

北宋商税额简图

A. 商品经济较唐代更繁荣 B. 着手实施重商主义政策
C. 政府商业税收不断增加 D. 农业和手工业逐渐衰退

（124）刻书，是用雕版印刷术印制的书籍的通称，有官刻和私刻之分。下图是据有关资料绘制的宋代安徽地区皖版刻书分布示意图。它反映了当时安徽地区（　　）

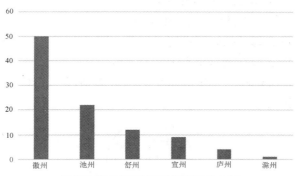

宋代安徽地区皖版刻书地区分布图

A. 刻书数量处全国领先水平 B. 民间私刻书种类超过官方
C. 文化发展不均衡性 D. 文化重心已经转移到南方

（125）下图是一护士统计的一位病人的体温变化图，这位病人中午 12 时的体温约为（　　）

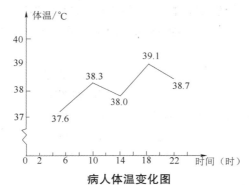

病人体温变化图

A. 39.0℃　　　　　　　　　　B. 38.5℃
C. 38.2℃　　　　　　　　　　D. 37.8℃

（126）某种股票在 7 个月内销售量增长率的变化状况如下图所示，下列结论不正确的是（　　）

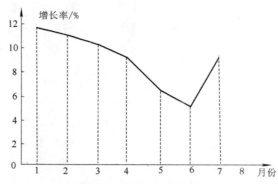

股票销售量增长率变化图

　A. 2—6 月股票的销售量增长率逐渐变小
　B. 7 月份股票的销售量增长率开始回升
　C. 这 7 个月中，每月的股票销售量不断上涨
　D. 这 7 个月中，股票销售量有上涨有下跌

（127）下图表示我校三个年级学生数的分布情况，已知三个年级共有学生 2 100 人，则九年级有学生（　　）

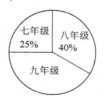

七、八、九年级学生人数占比图

　A. 735 人　　　　　　　　　　B. 700 人
　C. 835 人　　　　　　　　　　D. 800 人

43. 具有一定的逻辑思维的能力，掌握基本的逻辑推理方法。

（128）人们在认识过程中借助概念、判断、推理等思维形式进行理性认识的过程被称为（　　）

　A. 逻辑思维　　　　　　　　　B. 直觉思维
　C. 抽象思维　　　　　　　　　D. 理性认识

（129）从已知事实为前提，得出"必然的"结论的推理方式叫做（　　）

　A. 归纳　　　　　　　　　　　B. 演绎
　C. 描述　　　　　　　　　　　D. 总结

(130) 人们的交际需要沟通，而沟通中的说服力需要（ ）
A. 语言生动
B. 感情丰富
C. 动作要到位
D. 表述有逻辑

(131) 王教授说："管理学院大学生的家庭困难情况比起以前有了很大的改观，因为我的学生现在要求安排勤工俭学的人越来越少了。"上面的结论是由下列哪个假设得出的（ ）
A. 现在大学生父母亲的收入增加了，使得大学生不再需要勤工俭学
B. 尽管家境有了改善，大学生也应当参加勤工俭学来锻炼自己的全面能力
C. 要求学校安排勤工俭学是学生家庭是否困难的一个重要标志
D. 大学生把更多的时间用在学业上，勤工俭学的人就少了

(132) 要把火山进行系统的分类也不是一件容易的事，因而出现某些学者偏重以火山的构造形态分类；另一些学者则根据火山的喷发特征，主要是爆发的猛烈程度来分类。这段话说明了（ ）
A. 科学分类很困难
B. 科学分类很混乱
C. 科学分类没道理
D. 科学分类讲维度

44. 知道自然界存在着必然现象和偶然现象。解决问题讲究规律性，避免盲目性。

(133) 自然界有着许多偶然现象，这种现象遵循的是（ ）
A. 因果决定律
B. 对立统一律
C. 概率统计规律
D. 物极必反律

(134) 长江三角洲 2009 年 7 月 22 日观测到日全食，这是一种（ ）
A. 必然现象
B. 偶然现象
C. 不可知现象
D. 可重复现象

(135) 历史上杰出人物的产生是（ ）
A. 纯粹偶然机遇所造成
B. 完全由其自身能力所造就
C. 历史命运的必然安排的结果
D. 适应历史发展的必然要求与主观努力相结合的结果

(136) 面对消极腐败的东西，我们一定要提高警惕，做到见微知著，防微杜渐，因为（ ）
A. 量变积累到一定程度必然引起质变
B. 原因必然引起结果
C. 外因通过内因而起作用
D. 消极腐败的东西不可能长期存在

十一、掌握基本的物理知识。

45. 知道分子、原子是构成物质的微粒，所有物质都是由原子组成，原子可以结合成分子。

（137）原子和原子可以结合成（　　）
A. 离子　　　　　　　　　　B. 分子
C. 质子　　　　　　　　　　D. 电子

（138）比质子和中子还要小的是（　　）
A. 原子　　　　　　　　　　B. 核子
C. 夸克　　　　　　　　　　D. 分子

（139）对于物质都由原子构成的科学规律说明（　　）
A. 科学已经发展到了顶峰　　B. 科学是可以创造出来的
C. 科学发展是带有偶然性　　D. 科学发现是不断探索的过程

（140）原子核由质子和中子构成。（　　）

46. 区分物质主要的物理性质，如密度、熔点、沸点、导电性等，并能用它们解释自然界和生活中的简单现象；知道常见物质固、液、气三态变化的条件。

（141）三种饮料可调成一杯"鸡尾酒"，这是因为三种饮料的（　　）
A. 熔点不同　　　　　　　　B. 酸碱性不同
C. 密度不同　　　　　　　　D. 溶解性不同

（142）下列现象不属于物理变化的是（　　）
A. 铁钉生锈　　　　　　　　B. 气球爆炸
C. 冷水结冰　　　　　　　　D. 铁变磁铁

（143）水从液态变为气态的现象被称为（　　）
A. 升华　　　　　　　　　　B. 蒸发
C. 蒸腾　　　　　　　　　　D. 凝结

（144）人类掌握了物质反应的规律，就能够制约自然界。（　　）

47. 了解生活中常见的力，如重力、弹力、摩擦力、电磁力等。知道大气压的变化及其对生活的影响。

（145）牛顿从"苹果落地"这一现象中发现了什么作用力（　　）
A. 万有引力　　　　　　　　B. 地球磁场力
C. 向心力　　　　　　　　　D. 大气压力

（146）表现为物质重力、宇宙天体间的吸引力叫做（　　）
A. 磁力　　　　　　　　　　B. 万有引力
C. 强力　　　　　　　　　　D. 弱力

（147）原子核（质子）与电子间的相互吸引力是（　　）
A. 电磁力　　　　　　　　　B. 电力

C. 强力　　　　　　　　　　　D. 弱力

（148）日常生活中，考虑引力影响，对要挂吊的物体，你会（　　）

A. 把它放地上　　　　　　　　B. 经常换地方
C. 检查并挂牢　　　　　　　　D. 加上外包装

（149）在海拔较高的地方，大气压比较低，烧开水的温度会（　　）

A. 高于100℃　　　　　　　　B. 等于100℃
C. 低于100℃　　　　　　　　D. 都有可能

48. 知道力是自然界万物运动的原因。能描述牛顿力学定律，能用它解释生活中常见的运动现象。

（150）一切物体总保持匀速直线运动状态或静止状态，直到有外力迫使它改变这种状态为止。这是牛顿力学定律中的（　　）

A. 第一定律　　　　　　　　　B. 第二定律
C. 第三定律　　　　　　　　　D. 都不是

（151）物体加速度的方向跟合外力的方向相同，物体的加速度跟物体所受的合外力成正比，跟（　　）

A. 物体的质量成正比　　　　　B. 物体的质量成反比
C. 物体的质量不相关　　　　　D. 物质的位置不相关

（152）两个物体之间的作用力和反作用力在同一条直线上，且（　　）

A. 大小相等，方向相反　　　　B. 大小相等，方向相同
C. 大小不等，方向相同　　　　D. 大小不等，方向相反

（153）根据牛顿的惯性定律，我们在开车时要注意（　　）

A. 少用刹车　　　　　　　　　B. 多按喇叭
C. 保持车距　　　　　　　　　D. 经常开灯

49. 知道太阳光由七种不同的单色光组成，认识太阳光是地球生命活动所需能量的最主要来源。知道无线电波、微波、红外线、可见光、紫外线、X射线都是电磁波。

（154）太阳光是由七种单色光组成的。以下不属于单色光的是（　　）

A. 红色光　　　　　　　　　　B. 紫色光
C. 白色光　　　　　　　　　　D. 绿色光

（155）无线电波是电磁波，而可见光不是电磁波。（　　）

（156）地球上的人观看晴朗的天空呈蓝色，这是因为（　　）

A. 大陆上的海水把天空映成蓝色
B. 太阳光中的蓝色被物体反射成蓝色
C. 太阳光中的蓝色光被天空中的微粒散射成蓝色
D. 宇宙空间本身是蓝色

50. 掌握光的反射和折射的基本知识，了解成像原理。

（157）治疗远视眼的主要方法是配戴哪种透镜进行矫正（   ）

A. 凹透镜　　　　　　　　　　B. 凸透镜

C. 平光镜　　　　　　　　　　D. 反光镜

（158）近视眼佩戴的眼镜是（   ）

A. 凹透镜　　　　　　　　　　B. 凸透镜

C. 平光镜　　　　　　　　　　D. 反光镜

（159）"相机拍照""照镜子"和"点燃的蜡烛照亮房间"可以分别说明以下哪些物理原理（   ）

A. 光的折射现象、光的反射现象和光的直线传播

B. 光的折射现象、光的直线传播和光的反射现象

C. 光的直线传播、光的反射现象和光的折射现象

D. 光的直线传播、光的折射现象和光的反射现象

51. 掌握电压、电流、功率的基本知识，知道电路的基本组成和连接方法。

（160）串联电路是电流依次通过每一个组成元件的电路，串联电路的基本特征是（   ）

A. 只有一条线路　　　　　　　B. 应有两条平行线路

C. 应有两条交叉线路　　　　　D. 有两条以上线路

（161）在并联电路中，每一元件两端的电压都是相同的，流过每一元件的电流不会受其他元件影响。（   ）

（162）落在高压线上的鸟儿不会触电死亡，这是因为（   ）

A. 鸟爪上的角质层是绝缘的

B. 鸟儿对电流的承受能力比较强

C. 鸟儿双脚落在同一条导线上，没有电流流过鸟的身体

D. 高压线有橡胶外皮

（163）电炉通电后，电炉丝热得发红，而跟电炉连接的铜导线却不那么热，这是因为（   ）

A. 通过铜导线的电流小，所以它消耗的电能也较少

B. 电炉丝和铜导线消耗的电能相同，但铜导线散热快，所以就不那么热

C. 通过电炉丝的电流大，所以它消耗的电能较多

D. 铜导线电阻较小，所以它消耗的电能较少

52. 知道能量守恒定律。能量既不会凭空产生，也不会凭空消灭，只会从一种形式转化为另一种形式，或者从一个物体转移到其他物体，而总量保持不变。

（164）下列能量的转化中，属于机械能转化为内能的是（   ）

A. 点燃爆竹，爆竹腾空而起

B. 汽车紧急刹车，轮胎发热

C. 给生石灰加水，温度升高

D. 给电炉通电，电炉发热

（165）下面关于能量的说法中，正确的是（　　）

A. 用砂轮磨刀是由内能转化为动能

B. 陨石进入大气层成为流星时，是内能转化为机械能

C. 壶中的水沸腾时壶盖不停地跳动，是水的势能转化为壶盖的动能

D. 用打气筒给轮胎打气，打气筒发热，是机械能转化为内能

十二、掌握基本的化学知识。

53. 知道水的组成和主要性质，举例说出水对生命体的影响。

（166）水是一种化合物，组成水的两种元素是（　　）

A. 氮与氧　　　　　　　　B. 氢与氧

C. 碳与氢　　　　　　　　D. 碳与氧

（167）组成水分子的两种元素是氮与氧。（　　）

（168）人体内的水分，大约占到体重的（　　）

A. 45%　　　　　　　　　B. 60%

C. 85%　　　　　　　　　D. 90%

54. 知道空气的主要成分。知道氧气、二氧化碳等气体的主要性质，并能列举其用途。

（169）空气是一种混合气体，其占最大比例的成分是（　　）

A. 氧气　　　　　　　　　B. 氮气

C. 氢气　　　　　　　　　D. 二氧化碳

（170）氧气在人们日常生活中的主要用途是（　　）

A. 呼吸与助燃　　　　　　B. 防暑降温

C. 消毒灭菌　　　　　　　D. 净化水体

55. 知道自然界存在的基本元素及分类。

（171）目前，自然界中被人类发现的自然元素有（　　）。

A. 100 多种　　　　　　　B. 150 多种

C. 180 多种　　　　　　　D. 200 多种

（172）人体中含量最多的元素是氧。（　　）

（173）地球大气中含量最多的元素是（　　）

A. 碳　　　　　　　　　　B. 氮

C. 铁　　　　　　　　　　D. 氧

56. 知道质量守恒定律。化学反应只改变物质的原有形态或结构，质量总和保持不变。

（174）下列现象不属于化学变化的是（　　）

A. 铁锅生锈 B. 酒精燃烧
C. 冷水结冰 D. 生米煮成熟饭

（175）下列物质的用途，主要利用其化学性质的是（　　）。

A. 活性炭可除去冰箱中的异味
B. 干冰用作人工降雨
C. 氮气用作焊接金属的保护气
D. 汽油可用于擦拭衣物上的油污

57. 识别金属和非金属，知道常见金属的主要化学性质和用途。知道金属腐蚀的条件和防止金属腐蚀常用的方法。

（176）目前人们辨别金属和非金属的一般方法是（　　）

A. 是否导电 B. 是否有颜色
C. 是否透明 D. 是否有气味

（177）黄金在自然界中的主要存在状态是（　　）

A. 单质 B. 化合物
C. 混合物 D. 混杂物

（178）铝的密度很小，虽然它比较软，但也可制成各种铝合金，如硬铝、超硬铝、防锈铝、铸铝等。（　　）

58. 能说出一些重要的酸、碱和盐的性质，能说明酸、碱和盐在日常生活中的用途，并能用它们解释自然界和生活中的有关简单现象。

（179）硫酸可分为浓硫酸和稀硫酸两种，浓硫酸是一种无色无味油状液体，具有难挥发性等化学性质，但不具有（　　）

A. 吸水性 B. 强氧化性
C. 还原性 D. 腐蚀性

（180）盐是人们日常生活中常见的一种化学物品，可用于调味和化工。在日常生活中盐还有许多妙用，但不能够用以（　　）

A. 去腥 B. 保鲜
C. 消炎 D. 防腐

（181）对于经常有胃酸反应的人，你建议他吃的药应具有（　　）

A. 碱性的 B. 酸性的
C. 中性的 D. 辣性的

十三、掌握基本的天文知识。

59. 知道地球是太阳系中的一颗行星，太阳是银河系内的一颗恒星。宇宙由大量星系构成的。了解"宇宙大爆炸"理论。

（182）太阳系中唯一有生命存在的行星是（　　）

A. 水星 B. 火星

C. 地球　　　　　　　　　　D. 金星

（183）用望远镜判别星系与恒星差别的基本依据是它们的（　　）
A. 颜色不同　　　　　　　　B. 形状不同
C. 大小不同　　　　　　　　D. 密度不同

（184）银河系是无数河外星系中的一个代表。（　　）

（185）根据科学的宇宙观，今天的宇宙是源于（　　）
A. 太阳的变化　　　　　　　B. 万有引力
C. 神的推力　　　　　　　　D. 一次大爆炸

60. 知道地球自西向东自转一周为一日，形成昼夜交替；地球绕太阳公转一周为一年，形成四季更迭；月球绕地球公转一周约为 28 天，伴有月圆月缺。

（186）地球公转是绕着太阳的运动，其周期长短是（　　）
A. 一年　　　　　　　　　　B. 一月
C. 一周　　　　　　　　　　D. 一日

（187）地球上昼夜更替现象的主要成因是（　　）
A. 地球自转　　　　　　　　B. 地球公转
C. 月球自转　　　　　　　　D. 月球公转

（188）地球上四季更替现象的主要成因是（　　）
A. 地球自转　　　　　　　　B. 地球公转
C. 月球自转　　　　　　　　D. 月球公转

（189）以下观察方法不能证明北半球"夏至日"现象的是（　　）
A. 测日出时间　　　　　　　B. 测太阳高度
C. 测白天长度　　　　　　　D. 测正午气温

（190）春夏秋冬四季变化是一种自然现象，但并非自然规律。（　　）

（191）月球绕地球公转引起地球上看到的月相有变化。一个朔望月（从满月到满月）的时间大约是（　　）
A. 27 天半　　　　　　　　 B. 28 天半
C. 29 天半　　　　　　　　 D. 30 天半

61. 能够识别北斗七星，了解日食、月食、彗星流星等天文现象。

（192）日食现象是指（　　）
A. 太阳突然消失的现象　　　B. 太阳被地球遮掩的现象
C. 太阳遮掩月球的现象　　　D. 太阳被月球遮掩的现象

（193）日食可能发生的日期是（　　）
A. 可以在农历十五到三十之间出现　　B. 肯定是在新月时
C. 在农历每个月的初一　　　D. 可以在任何一天

（194）关于日食和月食的判断正确的是（　　）
A. 日食、月食的成因只与日、地、月三个天体的几何位置有关

B. 日食和月食都是自然现象，所以它们是不可能准确预报的

C. 当月相是朔的时候就一定会发生日食

D. 如果日食带在我国，肯定是东部的居民先看到

（195）公元前 585 年 5 月 28 日，当两河流域的米底王国与吕底王国的士兵交战时，白天顿时变成黑夜。交战双方惊恐万分，以为"上天"怪罪下来，于是马上停战和好。其实这并不是什么"上天"怪罪，而是一种普通的天文现象，这种天文现象是（　　）

  A. 日食现象   B. 月食现象

  C. 流星现象   D. 极光现象

十四、掌握基本的地球科学和地理知识。

62. 知道固体地球由地壳、地幔和地核组成。地球的运动和地球内部的各向异性产生各种力，造成自然灾害。

（196）地球由表及里可以分为三个圈层，其中间层叫（　　）

  A. 地层   B. 地幔

  C. 地核   D. 地壳

（197）地球内部的圈层构造反映自然界物质的一个基本形态规律。（　　）

（198）地球的岩石圈可分为若干板块，板块的相互碰撞可产生（　　）

  A. 地震   B. 滑坡

  C. 大陆架   D. 大陆沟

（199）地球上有些地区经常发生地震、火山，因为它们位于（　　）

  A. 板块内部高温地带   B. 板块边缘活动地带

  C. 地球赤道多雨地带   D. 大陆之间交叉地带

（200）如果要探究和表明地球上经常发生地震、火山的分布规律，我们需要采取的最直观方法是（　　）

  A. 到现场考察   B. 查历史文献

  C. 用地图标注   D. 向群众调查

63. 知道地球表层是地球大气圈、岩石圈、水圈、生物圈相互交接的层面，它构成与人类密切相关的地球环境。

（201）地球表层覆盖着很多圈层，其中最厚的圈层是（　　）

  A. 岩石圈   B. 水圈

  C. 大气圈   D. 生物圈

（202）目前受人类影响最强烈的地球圈层部位主要在大气圈底层、岩石圈上层以及（　　）

  A. 生物圈表层   B. 生物圈中层

  C. 水圈底层   D. 水圈全部

（203）生物圈的范围为（　　）
A. 大气圈、水圈和岩石圈的全部
B. 大气圈和水圈的全部、岩石圈的上部
C. 大气圈的底部、水圈和岩石圈的全部
D. 大气圈的底部、水圈的全部和岩石圈的上部

（204）地球上最大的生态系统是（　　）
A. 森林生态系统　　　　　　B. 生物圈
C. 海洋生态系统　　　　　　D. 城市生态系统

（205）被称为地球之"肺"的是（　　）
A. 草原　　　　　　　　　　B. 针叶林
C. 沼泽地　　　　　　　　　D. 热带雨林

64. 知道地球总面积中陆地面积和海洋面积的百分比，能说出七大洲、四大洋。

（206）地球的表面积中，陆地面积大于海洋面积。（　　）

（207）地球的表面积总共达到 5.1 亿平方千米，其中海陆各占的比例大致是（　　）
A. 三分海洋七分陆　　　　　B. 七分海洋三分陆
C. 四分海洋六分陆　　　　　D. 六分海洋四分陆

（208）地球的表面积约为 5.1 亿平方千米，表面起伏不平，凸出来的地方成为陆地和山脉，而大片大片下凹的部分经过亿万年的积累，被液态海水淹没而变成了海洋，海洋面积占地球表面积的近（　　）
A. 2%　　　　　　　　　　　B. 51%
C. 71%　　　　　　　　　　 D. 91%

65. 知道我国主要地貌特点、人口分布、民族构成、行政区划及主要邻国，能说出主要山脉和水系。

（209）关于我国地形特点的叙述，不正确的是（　　）
A. 地形多种多样　　　　　　B. 山地面积广大
C. 地势平坦，起伏和缓　　　D. 西高东低呈阶梯状

（210）我国山区面积广大，其劣势是（　　）
A. 森林资源不足　　　　　　B. 耕地资源不足
C. 水能资源不足　　　　　　D. 动植物资源不足

（211）北回归线穿过的我国省区，自西向东排列正确的是（　　）
①广东　②广西　③云南　④台湾
A. ①②③④　　　　　　　　B. ③①②④
C. ③②①④　　　　　　　　D. ④①②③

（212）我国少数民族主要分布在（　　）

A. 西北和东北　　　　　　　　　B. 东北和东南

C. 西南和西北　　　　　　　　　D. 东南和西南

（213）我国水资源的空间分布特点是（　　）

A. 南丰北缺

B. 东北地区缺水最严重

C. 冬春季节少，夏秋季节多

D. 绝大部分地区水资源丰富

（214）关于我国地理事物叙述正确的是（　　）

①地势东高西低，呈阶梯状分布；②气候复杂多样，季风气候显著；③领土位于亚洲东部，太平洋西岸；④自然资源总量丰富，人均占有量位居世界前列；⑤是世界上人口最多的国家。

A. ①②④　　　　　　　　　　　B. ②③⑤

C. ①③⑤　　　　　　　　　　　D. ③④⑤

66. 知道天气是指短时段内的冷热、干湿、晴雨等大气状态。知道气候是指多年气温、降水等大气的一般状态。能看懂天气预报及气象灾害预警信号。

（215）相对来说，天气与人类社会关系密切，气候则不密切。（　　）

（216）下列叙述中，描述天气的是（　　）

A. 山前桃花山后雪

B. 塔里木盆地终年干燥少雨

C. 昆明四季如春

D. 忽如一夜春风来，千树万树梨花开

（217）位于江西省海拔 1 500 米左右的庐山成为避暑胜地的主要因素是（　　）

A. 纬度因素　　　　　　　　　　B. 海陆位置

C. 地形因素　　　　　　　　　　D. 季风

（218）大气的运动变化是由（　　）引起的

A. 冷热不均　　　　　　　　　　B. 水汽交换

C. 地壳运动　　　　　　　　　　D. 万有引力

（219）下列行为不能了解某地天气变化的是（　　）

A. 查看卫星云图　　　　　　　　B. 听天气预报

C. 浏览"中国气象在线"网站　　D. 阅读空气质量日报

67. 知道地球上的水在太阳能和重力作用下，以蒸发、水汽输送、降水和径流等方式不断运动，形成水循环。知道在水循环过程中，水的时空分布不均造成洪涝、干旱等灾害。

（220）地球上的水主要分布在（　　）

A. 海洋中　　　　　　　　　　　B. 冰川中

C. 大气中 D. 江河中

（221）水循环是指水通过吸收太阳能量改变形态从而转移往返的过程。下列环节中，属于产生能源并使人们能够利用的是（   ）

A. 蒸发 B. 降水
C. 径流 D. 水汽输送

（222）由于水的时空分布问题，造成我国不少地区频发自然灾害。下列灾害的地区分布格局，属于符合我国一般规律的是（   ）

A. 北涝南旱 B. 东涝西旱
C. 南涝北涝 D. 西旱东旱

（223）以下改变水循环的措施中，属于不恰当、不科学的是（   ）

A. 开挖运河 B. 建造水库
C. 曲流裁直 D. 围湖造田

（224）夏季每公顷森林每天可以从地下汲取 70～100 吨水转化为水蒸气。说明森林具有以下（   ）作用。

A. 调节大气成分 B. 净化空气
C. 增加空气湿度 D. 保护农田

（225）我国建设的"三峡水利枢纽工程"主要是为了解决（   ）

A. 水污染问题 B. 水资源时间分配不均的问题
C. 水资源空间分布不均的问题 D. 水资源总量不足的问题

十五、了解生命现象，生物多样性与进化的基本知识。

68. 知道细胞是生命体的基本单位。

（226）细胞是组成有机体的基本单位。（   ）

（227）对细胞的概念，近年来比较普遍的提法是——有机体的（   ）

A. 形态结构的基本单位 B. 形态与生理的基本单位
C. 结构与功能的基本单位 D. 生命活动的基本单位

（228）要观察细胞的生命活动，通常需要借助（   ）

A. 放大镜 B. 望远镜
C. 显微镜 D. 反光镜

（229）与洋葱细胞相比，家兔细胞缺少的结构是（   ）

A. 细胞膜 B. 细胞质
C. 细胞壁 D. 细胞核

69. 知道生物可分为动物、植物与微生物，识别常见的动物和植物。

（230）自然界的生物可以分为三大类，这就是（   ）

A. 动物、植物与微生物 B. 海洋生物、陆地生物与高山生物
C. 动物、植物与昆虫 D. 高等生物、低等生物与微生物

（231）香樟是一种在长江三角洲地区常见的树种，它属于（   ）

A. 常绿针叶树种　　　　　　　　B. 落叶针叶树种
C. 常绿阔叶树种　　　　　　　　D. 落叶阔叶树种

（232）老虎与豹是属于同一科大动物。下列动物中也属该科的是（　　）
A. 马　　　　　　　　　　　　　B. 狼
C. 狗　　　　　　　　　　　　　D. 猫

（233）生物是人类不可缺少的"朋友"，但目前生物面临（　　）
A. 人工培育威胁　　　　　　　　B. 种类减少威胁
C. 自相残杀威胁　　　　　　　　D. 天外来客威胁

（234）被发现在南非的古沉积岩中，地球上最早出现的绿色植物是（　　）
A. 蕨类植物　　　　　　　　　　B. 地衣
C. 蓝藻　　　　　　　　　　　　D. 苔藓

（235）城市道路两旁普遍种植大叶法国梧桐，既能绿化，又能吸尘。法国梧桐其实是（　　）
A. 原产法国，是从法国引进栽培的
B. 原产东南欧、印度及美洲的悬铃木
C. 属于梧桐科的一种
D. 不清楚

（236）哺乳动物是胎生的脊椎动物，靠母体分泌的乳汁哺育初生幼体，多生活在陆地，有些也生活在海洋中。下列海洋动物中哪种是哺乳动物？（　　）
A. 海豚　　　　　　　　　　　　B. 海马
C. 鲨鱼　　　　　　　　　　　　D. 海龟

（237）下列动物中，属于鱼类的是（　　）
A. 海豚　　　　　　　　　　　　B. 海马
C. 海豹　　　　　　　　　　　　D. 海狮

70. 知道地球上的物种是由早期物种进化而来，人是由古猿进化而来的。

（238）原始地球只有非生命物质，所以生命是地外进入的。（　　）
（239）地球今天所存在的物种，都是早期物种退化而来的。（　　）
（240）从已发现的化石看，人类的演化大致可分为从南方古猿阶段到（　　）
A. 能人阶段、直立人阶段到智人阶段
B. 直立人阶段、能人阶段到智人阶段
C. 直立人阶段、智人阶段到能人阶段
D. 能人阶段到智人阶段、直立人阶段
（241）人类从类人猿进化而来。（　　）

71. 知道光合作用的重要意义，知道地球上的氧气主要来源于植物的光合作用。

（242）植物在光合作用过程中释放出氧气。（　　）
（243）植物、藻类利用叶绿素产生光合作用的过程中，在可见光的照射下，

能将二氧化碳和水转化为有机物，释放出（   ）

A. 氧气　　　　　　　　　　　B. 氮气
C. 氢气　　　　　　　　　　　D. 氯气

（244）呼吸作用是生物体内的有机物在细胞内经过一系列的氧化分解，在释放出能量的同时，最终生成的主要是（   ）

A. 氧气　　　　　　　　　　　B. 二氧化碳
C. 氮气　　　　　　　　　　　D. 不知道

（245）晚上，植物与动物都不应该放入卧室内，要将其移到卧室外，这是因为它们会降低卧室内的（   ）

A. 空气温度　　　　　　　　　B. 空气湿度
C. 氧气浓度　　　　　　　　　D. 氮气浓度

72. 了解遗传物质的作用，知道 DNA、基因和染色体。

（246）亲代与子代之间传递遗传信息的物质就是"遗传物质"，这种物质的载体被称为（   ）

A. 染色体　　　　　　　　　　B. 基因
C. 细胞　　　　　　　　　　　D. 蛋白质

（247）染色体和遗传基因的关系是（   ）

A. 两者互不相干　　　　　　　B. 两者是相同的概念
C. 染色体上携带基因　　　　　D. 基因上携带染色体

（248）具有典型细胞结构的生物遗传物质是（   ）

A. RNA　　　　　　　　　　　B. DNA
C. DHA　　　　　　　　　　　D. PHA

（249）"基因型身份证"主要是利用现在世界最先进的 DNA 指纹技术，选取若干个固定的遗传基因位点进行鉴定。2002 年 9 月郑州市民李广利先生正式领到了我国第一张 18 个位点的基因型身份证，你认为这张身份证上的 18 个位点的信息取自（   ）

A. 细胞壁　　　　　　　　　　B. 细胞膜
C. 细胞质　　　　　　　　　　D. 细胞核

73. 了解各种生物通过食物链相互联系，抵制捕杀、销售和食用珍稀野生动物的行为。

（250）"大鱼吃小鱼，小鱼吃虾米，虾米吃泥巴"这句话反映了自然界的一个基本概念，这个概念是（   ）

A. 生态平衡　　　　　　　　　B. 食物链
C. 物质循环　　　　　　　　　D. 能量转换

（251）生态系统指在一定的空间内生物成分和非生物成分通过物质循环和能量流动相互作用、相互依存而构成的一个生态学功能单位。（   ）

(252) 捕杀和贩卖任何野生动物及其制品都是违法行为。（   ）

(253) "野生动物上饭桌就是死的，不食用也是浪费"，对此你（   ）
  A. 很有同感 B. 有些认同
  C. 很不支持 D. 难定是非

74. 知道生物多样性是生物长期进化的结果，保护生物多样性有利于维护生态系统平衡。

(254) 最早明确提出生物进化论的科学家是（   ）
  A. 达尔文 B. 牛顿
  C. 伽利略 D. 哥伦布

(255) 保护生物多样性将不利于优势物种的生长。（   ）

(256) 你认为"保护生物多样性"（   ）
  A. 很有必要 B. 有必要
  C. 不太有必要 D. 完全没必要

(257) 地球上种类最多、数量最多的动物是（   ）
  A. 鸟类 B. 鱼类
  C. 昆虫 D. 有蹄类

十六、了解人体生理知识。

75. 了解人体的生理结构和生理现象，知道心、肝、肺、胃、肾等主要器官的位置和生理功能。

(258) 人体消化系统中的消化道，其起始部分是（   ）
  A. 食道 B. 食管
  C. 口腔 D. 胃

(259) 将食物分解为人体能够吸收的小分子物质主要依靠（   ）
  A. 烧煮 B. 牙齿
  C. 食道 D. 消化酶

(260) 人体中的消化酶有很多种。消化酶都具有生物活性，受外部环境的影响很大，如温度、湿度以及（   ）
  A. 盐度 B. 酸碱度
  C. 氧浓度 D. 密度

(261) 人体的呼吸系统中不包括（   ）
  A. 鼻腔 B. 咽喉
  C. 胸腔 D. 气管

(262) 人体与外界环境之间的气体交换过程，称为呼吸，从大气摄取新陈代谢所需要的氧气，排出（   ）
  A. 氮气 B. 二氧化碳
  C. 一氧化碳 D. 氨气

(263) 呼吸器官的共同特点是壁薄、湿润，且有丰富的毛细血管。（   ）

(264) 人体的呼吸是生命的标志，在呼吸有困难时，就应该（   ）

A. 马上就医　　　　　　　　　B. 马上喝水

C. 增大运动　　　　　　　　　D. 实施人工呼吸

(265) 血液是流动在心脏和血管内的不透明红色液体，成分主要为（   ）

A. 血浆与血细胞　　　　　　　B. 水与白细胞

C. 红细胞与葡萄糖　　　　　　D. 葡萄糖与血浆

(266) 血液中含有各种营养成分，有营养组织、调节器官活动和防御有害物质的作用。（   ）

(267) 心血管系统是血液循环系统的主体，其动力源于（   ）

A. 动脉　　　　　　　　　　　B. 静脉

C. 毛细血管　　　　　　　　　D. 心脏

(268) 骨髓是造血器官，具有造血功能。（   ）

(269) 目前艾滋病频发，所以不必去参加献血。（   ）

(270) 泌尿系统由肾脏、输尿管、膀胱及尿道组成，主要功能为（   ）

A. 吸收　　　　　　　　　　　B. 排泄

C. 传输　　　　　　　　　　　D. 生殖

(271) 尿的生成是在肾中完成的，其生成过程是（   ）。

A. 持续性的　　　　　　　　　B. 间断性的

C. 周期性的　　　　　　　　　D. 无规律的

(272) 尿液流入膀胱贮积到一定量之后，才排出体外。（   ）

(273) 人们已经了解到人的大脑功能其实是有分工的，"全脑开发"的概念就是为此而提出。其中主管逻辑思维的部分一般认为是（   ）

A. 左半脑　　　　　　　　　　B. 右半脑

C. 前半脑　　　　　　　　　　D. 后半脑

(274) 人的神经系统主要是由两大部分组成，其中一个部分叫"神经细胞"，另一个部分称为（   ）

A. 神经元　　　　　　　　　　B. 神经纤维

C. 突触　　　　　　　　　　　D. 神经胶质

(275) 神经系统对内、外环境的刺激所作出的反应叫（   ）

A. 反映　　　　　　　　　　　B. 回应

C. 反射　　　　　　　　　　　D. 反馈

(276) 激素对人体的生理作用主要是（   ）

A. 发动一次新的新陈代谢过程　B. 影响原有的新陈代谢过程

C. 直接参与物质或能量的转换　D. 不影响所有的新陈代谢过程

(277) 很多药品都含有激素，下列药物中不含激素的是（   ）

A. 皮炎平　　　　　　　　　　B. 可的松

C. 地塞米松　　　　　　　　　　D. 葡萄糖

（278）激素通过发挥调节功能可维持新陈代谢的平衡。（　　）

（279）激素对人体有调节作用，所以激素多多益善。（　　）

76. 知道人体体温、心率、血压等指标的正常值范围，知道自己的血型。

（280）一般情况下，成年人心率的正常值范围是每分钟（　　）

A. 40～80 次　　　　　　　　　B. 60～100 次

C. 80～120 次　　　　　　　　　D. 90～130 次

（281）一般情况下，成年人血压的正常值范围是（　　）

A. 收缩压：90～139mmHg　舒张压：60～89mmHg

B. 收缩压：80～120mmHg　舒张压：60～89mmHg

C. 收缩压：90～139mmHg　舒张压：60～70mmHg

D. 收缩压：90～150mmHg　舒张压：60～89mmHg

（282）下列哪种血型不属于 ABO 血型？（　　）

A. AB 型　　　　　　　　　　　B. A 型

C. O 型　　　　　　　　　　　　D. RH 阴性血型

77. 了解人体的发育过程和各发育阶段的生理特点。

（283）卵子和精子融合为一个分子的过程叫做（　　）

A. 排卵　　　　　　　　　　　　B. 受精

C. 发育　　　　　　　　　　　　D. 着床

（284）人在母体中的胚胎发育期从受精到完全"足月"约需要（　　）

A. 7 个多月　　　　　　　　　　B. 8 个多月

C. 9 个多月　　　　　　　　　　D. 10 个多月

（285）自然分娩全过程包含若干产程：第一产程即宫口扩张期；第二产程即胎儿娩出期；第三产程是（　　）

A. 宫口收缩期　　　　　　　　　B. 胎盘娩出期

C. 子宫复位期　　　　　　　　　D. 没有的

（286）国际卫生组织提倡用母乳喂养婴儿，因为母乳的营养丰富，可以增加婴儿抵抗病毒的能力，并有利于产妇产后的体质恢复。（　　）

（287）对于人类遗传性疾病的防治，目前是要加强（　　）

A. 婚前检查　　　　　　　　　　B. 近亲联姻

C. 中医调理　　　　　　　　　　D. 运动锻炼

78. 知道每个人的身体状况随性别、体重、活动以及生活习惯而不同。

（288）在一般情况下，需要摄入食物量最大的年龄段是（　　）

A. 少年儿童　　　　　　　　　　B. 青壮年人

C. 更年期人　　　　　　　　　　D. 退休老人

（289）良好的个人卫生习惯，可有效减少病菌入侵人体。（　　）

十七、知道常见疾病和安全用药的常识。

79. 具有对疾病以预防为主、及时就医的意识。

（290）合理的行为和生活方式有助于疾病的预防、治疗和康复。（   ）

（291）养成良好饮食行为，可预防多种疾病。（   ）

（292）所有肿瘤都是癌。（   ）

80. 能正确使用体温计、体重计、血压计等家用医疗器具了解自己的健康状况。

（293）一般情况下，成年人心率的正常值范围是每分钟　　　（   ）

A. 40~80 次　　　　　　　　　B. 60~100 次

C. 80~120 次　　　　　　　　　D. 90~130 次

（294）一般情况下，成年人体温的正常值范围是（   ）

A. 35.8℃~37.2℃　　　　　　　B. 36.3℃~37.2℃

C. 36.3℃~37.8℃　　　　　　　D. 36.3℃~38.0℃

81. 知道病毒、细菌、真菌和寄生虫可以感染人体，导致疾病；知道污水和粪便处理、动植物检疫等公共卫生防疫和检测措施对控制疾病的重要性。

（295）可以感染人体、导致疾病的有①病毒②细菌③真菌④寄生虫等。对此你认同的是（   ）

A. ①和②　　　　　　　　　　B. ②和③

C. ③和④　　　　　　　　　　D. ①②③④

（296）我国国家检验检疫局对从国外携带新鲜水果入境的规定是（   ）

A. 容许　　　　　　　　　　　B. 容许少量

C. 容许少量，但须自用　　　　D. 不容许

（297）除了农村地区个人自宰自食外，任何单位和个人在未获相关行政管理部门颁证情况下，均不得从事生猪等屠宰活动。（   ）

（298）有效防治血吸虫病的根本措施是（   ）

A. 捕食水产品　　　　　　　　B. 隔离血吸虫病患者

C. 接种预防　　　　　　　　　D. 消灭钉螺

82. 知道常见传染病（如传染性肝炎、肺结核病、艾滋病、流行性感冒等）、慢性病（如高血压、糖尿病等）、突发性疾病（如脑梗塞、心肌梗塞等）的特点及相关预防、急救措施。

（299）糖尿病与胰岛素缺乏有关。（   ）

（300）恶性肿瘤是由人体内正常细胞演变而来。（   ）

（301）防止恶性肿瘤需要有良好的生活习惯。（   ）

（302）为预防高血脂引起的冠心病，在饮食上需注意（   ）

A. 多补充脂肪　　　　　　　　B. 多补充蛋白质

C. 控制食物热量　　　　　　　D. 少吃水果

（303）甲型肝炎是通过食物经消化道传播的。（ ）

（304）肺结核病不属于传染病。（ ）

（305）与艾滋病病毒感染者有以下行为不会传染艾滋病（ ）

　　A. 性生活　　　　　　　　　　B. 共同吸毒

　　C. 拥抱　　　　　　　　　　　D. 共用牙刷

（306）有人认为：传染病预防的主要措施有①控制传染源；②切断传播途径；③保护易感人群。你认为是（ ）

　　A. 同意此人观点　　　　　　　B. 只需要控制传染源

　　C. 只需要切断传播途径　　　　D. 只需要保护易感人群

83. 了解常见职业病的基本知识，能采取基本的预防措施。

（307）职业病防治工作的方针是（ ）

　　A. 以人为本，标本兼治　　　　B. 安全第一，预防为主

　　C. 预防为主，防治结合　　　　D. 不知道

（308）噪声能影响人体的神经系统，使人易怒和急躁。（ ）

（309）在从事接触职业病危害作业单位的劳动者，对易患的职业并不知情，这首先源于（ ）

　　A. 用人单位的失职　　　　　　B. 健康检查单位的失职

　　C. 劳动者本身的失职　　　　　D. 法规建设者的失职

（310）消防员在作业时需要一些防护物品，以下物品可不要的是（ ）

　　A. 防护服　　　　　　　　　　B. 安全头盔

　　C. 消防胶靴　　　　　　　　　D. 救生衣

（311）以下关于职业病的表述，错误的一项是（ ）

　　A. 必须是在从事职业活动的过程中产生的

　　B. 必须是因接触粉尘，放射性物质和其他有毒、有害物质等职业危害因素而引起的

　　C. 具有隐匿性、迟发性特点，危害往往被忽视

　　D. 危害分布行业广，大型企业比中小企业危害严重

84. 知道心理健康的重要性，了解心理疾病、精神疾病基本特征，知道预防、调适的基本方法。

（312）遇到的压力越大，就越应该保持乐观的心态。（ ）

（313）当心情不好的时候，您认为以下较好的调适方法是（ ）

　　A. 不上班不上课，痛痛快快出去玩

　　B. 蒙头睡觉，不吃饭

　　C. 一个人默默忍受，生闷气

　　D. 去和父母、朋友或同事说，请求帮助

（314）现代人的健康衡量标准，除了体格健康之外，还包含（ ）

　　A. 美好环境　　　　　　　　　B. 富裕生活

C. 良好心理　　　　　　　　　D. 舒适住房

85. 知道遵医嘱或按药品说明书服药，了解安全用药、合理用药以及药物不良反应常识。

（315）有副作用的药物是不能服用的。（　　）

（316）当发现药物过期时，应该（　　）

A. 抓紧服用　　　　　　　　　B. 加大用药量
C. 不再服用　　　　　　　　　D. 留下外观完好的继续放置

86. 知道处方药和非处方药的区别，知道对自身有过敏性的药物。

（317）用药期间出现皮肤瘙痒、红斑或发热等现象应立即停药。（　　）

（318）非处方药必须具备的特点是（　　）

A. 使用安全　　　　　　　　　B. 疗效确切
C. 标签、说明书通俗易懂　　　D. 以上均是

87. 了解中医药是中国传统医疗手段，与西医相比各有优势。

（319）中医的哲学体系不包括（　　）

A. 五行学说　　　　　　　　　B. 阴阳学说
C. 经络学说　　　　　　　　　D. 细胞学说

（320）中医理论的总纲是（　　）

A. 精气学说　　　　　　　　　B. 阴阳学说
C. 五行学说　　　　　　　　　D. 脏腑学说

88. 知道常见毒品的种类和危害，远离毒品。

（321）相对而言，吸毒产生的最大危害首先是（　　）

A. 影响社会经济的发展　　　　B. 破坏他人的家庭和谐
C. 破坏社会和谐稳定　　　　　D. 损害本人的身体健康

十八、掌握饮食、营养的基本知识，养成良好生活习惯。

89. 选择有益于健康的食物，做到合理营养、均衡膳食。

（322）以下食物中，相对而言对人类健康最不利的是（　　）

A. 水果沙拉　　　　　　　　　B. 放汤青菜
C. 油炸鸡腿　　　　　　　　　D. 清蒸河鲜

（323）从均衡膳食的角度，一日三餐安排合理的是（　　）

A. 早餐吃好，午餐吃饱，晚餐吃少　　B. 早餐吃少，午餐吃好，晚餐吃饱
C. 早餐吃好，午餐吃少，晚餐吃饱　　D. 早餐吃饱，午餐吃少，晚餐吃好

（324）以下关于膳食的方法中，比较合理的一项是（　　）

A. 尽可能多吃些鱼肉
B. 荤素搭配，控制油脂和食盐摄入量
C. 每天都服用维生素片
D. 多吃细粮，少吃粗粮

（325）在一般情况下，为了防止骨质疏松需要加强补钙的年龄段是（　　）
　　A. 少年儿童　　　　　　　　　B. 老人
　　C. 更年期人　　　　　　　　　D. 青壮年人
（326）不论是儿童、成年或老年，缺钙都会影响健康。对人体吸收钙能起帮助作用的是（　　）
　　A. 维生素 A　　　　　　　　　B. 维生素 B
　　C. 维生素 C　　　　　　　　　D. 维生素 D
（327）现在家庭厨房中锅具多种多样，炒菜时使用（　　）对健康最有益。
　　A. 铁锅　　　　　　　　　　　B. 铝锅
　　C. 不锈钢锅　　　　　　　　　D. 合金锅

90. 掌握饮用水、食品卫生与安全知识，有一定的鉴别日常食品卫生质量的能力。

（328）市场上出售的转基因食品，不一定要贴上"转基因食品"标签。（　　）
（329）为有利于保证选购到卫生和安全的袋装食品，你觉得以下哪一种做法最好？（　　）
　　A. 进高级食品店　　　　　　　B. 选购价格贵的
　　C. 看食品生产地　　　　　　　D. 看包装袋上的标识
（330）菠萝果肉香甜可口，可是吃前先要蘸盐水，这是为了（　　）
　　A. 杀灭菠萝果肉上沾附的病菌
　　B. 降低菠萝酶所含刺激物质的活力
　　C. 使菠萝的口味更为香甜
　　D. 增加菠萝的营养成分

91. 知道食物中毒的特点和预防食物中毒的方法。

（331）一旦遇到食物中毒，在就医前应该立刻采取的行为是（　　）
　　A. 敲打胃部　　　　　　　　　B. 静卧平躺
　　C. 服用阿司匹林　　　　　　　D. 喝大量的水
（332）霉变后的花生只要洗干净还是能吃。（　　）
（333）对于预防食物中毒的方法，你认为主要是（　　）
　　A. 靠自己掌握　　　　　　　　B. 靠政府把关
　　C. 靠生产商负责　　　　　　　D. 靠媒体宣传

92. 知道吸烟、过量饮酒对健康的危害。

（334）在公共场所，如果你准备抽烟时，看到以下图标你会（　　）
　　A. 忍住不吸　　　　　　　　　B. 别人看不到，就吸
　　C. 看见别人吸，我就吸　　　　D. 不知道
（335）酒可浸药，药酒有利身体；饮酒还有助加深友情。所以，饮酒好处多，饮酒越多好处越多。（　　）
（336）啤酒中的度是指（　　）

A. 麦芽质浓度　　　　　　　　B. 乙醇含量
C. 含糖量　　　　　　　　　　D. 酒精度

（337）吸烟是否会导致肺癌，您认同以下哪种观点（　　）

A. 张某吸烟 30 多年，至今未患肺癌，所以吸烟不会导致肺癌

B. 李某吸烟 30 多年，已经患肺癌，所以吸烟会导致肺癌

C. 王某不吸烟，已经患肺癌，所以吸烟和导致肺癌没关系

D. 据临床医学统计："吸烟者肺癌发病率比不吸烟者高 10 倍"，所以吸烟会导致肺癌

93. 知道适当运动有益于身体健康。

（338）有氧运动为有节奏的动力运动，以下哪项不是有氧运动（　　）

A. 快跑　　　　　　　　　　　B. 步行
C. 骑车　　　　　　　　　　　D. 游泳

（339）关于老年人的身体活动，下列哪项是错误的（　　）

A. 无须进行关节柔韧性练习　　B. 日常生活要动起来
C. 量力而行，循序渐进　　　　D. 活动以中等强度 30～60 分钟/天

（340）全民健康生活方式行动提出的"日行一万步"，正确的认识是（　　）

A. 每天走一万步

B. 指每天各类身体活动累积达到 10 个"千步活动量"

C. 每天高强度的运动达到 10 个"千步活动量"

D. 每天走路 1 小时

（341）老少咸宜、最简单而又最能坚持的有氧运动，有"运动之母"之称的运动方式是（　　）

A. 健步走　　　　　　　　　　B. 慢跑
C. 游泳　　　　　　　　　　　D. 广场舞

94. 知道保护眼睛、爱护牙齿等的重要性，养成爱牙护眼的好习惯。

（342）良好的个人卫生习惯，可有效减少病菌入侵人体机会。（　　）

（343）读书写字时，眼睛和书本的适宜距离是（　　）

A. 5～13 厘米　　　　　　　　B. 22～30 厘米
C. 33～35 厘米　　　　　　　 D. 40～45 厘米

（344）对于青少年，以下哪项与近视眼的发生和发展最为密切（　　）

A. 读书写字的时间长短　　　　B. 全身健康状况
C. 眼部感染　　　　　　　　　D. 眼部外伤

（345）吃酸性物质马上刷牙会损坏牙齿健康。（　　）

（346）人体中最坚硬的部分是（　　），但是也要小心保护，避免损伤。

A. 牙齿　　　　　　　　　　　B. 腿骨
C. 颅骨　　　　　　　　　　　D. 颌骨

95. 知道作息不规律等对健康的危害，养成良好的作息习惯。

（347）为保护人的听力和身体健康，睡眠时噪声的允许值在（ ）

A. 75～90 分贝　　　　　　　　B. 60～75 分贝

C. 45～60 分贝　　　　　　　　D. 35～45 分贝

（348）健康的生活方式包括个人饮食、作息有规律。（ ）

十九、掌握安全出行基本知识，能正确使用交通工具。

96. 了解基本交通规则和常见交通标志的含义，以及交通事故的救援方法。

（349）下列行为中，违反交通安全法的是（ ）

A. 搭载醉酒乘客

B. 在学校门口道路上画人行横道线

C. 机动车不走非机动车道

D. 喝酒后开车

（350）高速公路上不允许步行和骑自行车。（ ）

（351）只有驾驶员才需要关注交通规则。（ ）

（352）下列行为中，没有违反《道路交通安全法》的是（ ）

A. 驾车时，拨打或接听电话

B. 驾乘摩托车不戴安全头盔

C. 在高速公路骑自行车

D. 行人在路口遇有交通信号灯和交通警察指挥不一致时，按照交通警察指挥通行

97. 能正确使用自行车等日常家用交通工具，定期对交通工具进行维修和保养。

（353）以下哪项不是汽车节油的有效方法（ ）

A. 确保发动机状态良好

B. 高速行驶时关闭空调、开启车窗

C. 彻底实行车辆轻量化

D. 定期维修和保养汽车

98. 了解乘坐各类公共交通工具（汽车、轨道交通、火车、飞机、轮船等）的安全规则。

（354）飞机在跑道上滑行和飞行途中，乘客都不能使用手机。（ ）

（355）如果您在乘坐电梯时出现了故障，最好的做法是（ ）

A. 大声呼救　　　　　　　　　　B. 攀爬顶窗逃离

C. 按响报警电话　　　　　　　　D. 踩脚和跳跃使电梯启动

（356）为了保障安全，乘坐下列哪种交通工具，途中不准使用手机（ ）

A. 汽车　　　　　　　　　　　　B. 轮船

C. 火车　　　　　　　　　　　　D. 飞机

二十、掌握安全用电、用气等常识，能正确使用家用电器和电子产品。

99. 了解安全用电常识，初步掌握触电的防范和急救的基本技能。

（357）绝缘的电线直接埋在墙体内是安全的。（　　）

（358）烧断保险丝或漏电开关动作后，你会（　　）

A. 重新开电源　　　　　　　　B. 调换保险丝

C. 束手无策　　　　　　　　　D. 查明原因再开电源

（359）发生电器火灾后，使用泡沫灭火器来灭火。（　　）

（360）如果有人触电时，正确的抢救方法要求首先（　　）

A. 用手拉开电线、挪动触电者　　B. 迅速关掉开关或拉掉电闸

C. 叫人或救护车前来抢救　　　　D. 用随手拿得到的棍棒挑开电线

100. 安全使用燃气器具，初步掌握一氧化碳中毒的急救方法。

（361）根据安全使用燃气的规则，下列做法中错误的是（　　）

A. 使用燃气时，必须保持通风

B. 定期保养燃气热水器

C. 冬天将燃气器具搬进卧室有利于节能

D. 长时间外出前，关闭气表前阀门

（362）如燃气中毒人员处于无知觉状态，以下救护方法中，属于不正确的是（　　）

A. 将其平放　　　　　　　　　B. 擦拭口腔

C. 进行人工呼吸　　　　　　　D. 向口中灌水

（363）使用钢瓶装压缩煤气或液化气，你认为比较安全的方式是（　　）

A. 钢瓶怎么放都行，只要不受猛烈震动

B. 钢瓶放在通风良好且避免日晒的地方

C. 钢瓶上放灭火器

D. 钢瓶要用正牌的，可长期使用而不必调换

（364）在室内发现煤气及天然气中毒人员，以下行为最危险的是（　　）

A. 开窗　　　　　　　　　　　B. 开灯

C. 移动患者　　　　　　　　　D. 关闭气体开关

101. 能正确使用家用电器和电子产品，如电磁炉、微波炉、热水器、洗衣机、电风扇、空调、冰箱、收音机、电视机、计算机、手机、照相机等。

（365）电扇、冰箱等家用电器上的 3C 标志是质量标志。（　　）

（366）在我国集中供暖的地区，家庭只需选择单制冷空调即可。（　　）

（367）空调上标注的 W 指的是（　　）

A. 耗电量　　　　　　　　　　B. 制冷量

C. 压缩机功率　　　　　　　　D. 不知道

（368）在医院用电子设备诊断病情的区域，使用手机会干扰这些设备的正常

工作。（　　）

（369）完整的计算机硬件，除了存储器、输入设备和输出设备以外，还有一个重要部件是（　　）

A. 加法器　　　　　　　　　　B. 控制器
C. 驱动器　　　　　　　　　　D. 中央处理器（CPU）

（370）计算机软件是指（　　）

A. 计算机程序　　　　　　　　B. 计算机部件
C. 计算机质量　　　　　　　　D. 不知道

（371）计算机正确的开机顺序是（　　）

A. 先开显示器，后开主机
B. 先开主机，后开显示器
C. 先开主机或先开显示器都一样
D. 同时开

二十一、了解农业生产的基本知识和方法。

102. 能分辨和选择食用常见农产品。

（372）绿色食品、有机食品、无公害农产品标准对产品的要求由高到低依次排列为（　　）

A. 绿色食品＞有机食品＞无公害农产品
B. 绿色食品＞无公害农产品＞有机食品
C. 有机食品＞绿色食品＞无公害农产品
D. 无公害农产品＞有机食品＞绿色食品

（373）安全食品是一类无污染食品的统称，目前安全食品不包括（　　）

A. 无公害食品　　　　　　　　B. 绿色食品
C. 有机食品　　　　　　　　　D. 保健食品

103. 知道农作物生长的基本条件、规律与相关知识。

（374）下列诗词或谚语反映农业生产的特点，表述正确的是（　　）

A. "日啖荔枝三百颗，不辞长作岭南人"反映了农业生产的周期性
B. "离离原上草，一岁一枯荣"反映了农业生产的地域性
C. "橘生淮南为橘，橘生淮北则为枳"反映了农业生产的固定性
D. "白露早、寒露迟、秋分种麦正当时"反映了农业生产的季节性

104. 知道土壤是地球陆地表面能生长植物的疏松表层，是人类从事农业生产活动的基础。

（375）要了解一种土壤的物质组成，最好的办法是（　　）

A. 看资料介绍　　　　　　　　B. 查阅有关文献
C. 分析土壤标本　　　　　　　D. 考察土壤分布

（376）当前在我国牧区造成草地污染的主要原因在于（　　）

A. 使用杀虫剂 B. 使用化肥
C. 堆积畜粪 D. 过度放牧

（377）化工厂产生的污水沉淀后形成的污泥可肥田，但只能用于（   ）
A. 成片粮田 B. 庭院菜田
C. 果园林地 D. 绿化林地

（378）保护土壤、防止受污染，就是保护我们人类自己。（   ）

（379）雷雨可以增加土壤中的（   ）
A. 磷肥 B. 有机肥
C. 氮肥 D. 钾肥

（380）蚯蚓为什么被称为土壤的好助手？因为它能（   ）
A. 增加土壤中的水分含量 B. 疏松土壤和改良土壤
C. 降解土壤中的重金属元素 D. 吃掉土壤中的有害物质

105. 农业生产者应掌握正确使用农药、合理使用化肥的基本知识与方法。

（381）以下哪一项不是农业生产过度使用农药和化肥的后果（   ）
A. 增加农业自然灾害 B. 影响农田生态平衡
C. 影响人体健康 D. 造成周边河流富营养化

（382）绿色食品允许限量使用限定的农药、化肥和合成激素。（   ）

（383）绿色食品产地控制农药污染的主要方法不包括（   ）
A. 推广综合防治技术 B. 生物防治技术
C. 化学防治技术 D. 物理和机械防治技术

（384）以下是绿色食品生产中畜禽的疾病防治方法，不可取的是（   ）
A. 通过选择优良品种和良好的饲养条件来预防疾病
B. 治病尽可能采用自然疗法如针灸、推拿等
C. 使用允许的疾病防治材料如生物制品、生物源药物、无机及矿物质药物等
D. 基因疫苗接种预防疾病

106. 了解农药残留的相关知识，知道去除水果、蔬菜残留农药的方法。

（385）关于农产品污染问题，以下哪项说法正确（   ）
A. 农产品污染的唯一因素是农药污染
B. 有虫眼的蔬菜说明没施农药，因此属于放心菜
C. 长期过度使用氮肥会导致土壤中的硝酸盐含量增高
D. 包装好的蔬菜就是放心菜

（386）化学氮肥可导致硝酸盐在蔬菜体内大量富集，进入人体后会在消化道内还原为亚硝酸，对人体健康构成潜在威胁。下面蔬菜中，对硝酸盐富集能力最小的是（   ）
A. 根菜类 B. 薯芋类
C. 绿叶菜类 D. 食用菌类

二十二、具备基本劳动技能，能正确使用相关工具与设备。

107. 在本职工作中遵循行业中关于生产或服务的技术标准或规范。

（387）运输有毒化学物质最重要的是（　　）
A. 由技术人员陪同
B. 使用罐装车
C. 只能夜间行车
D. 不能走人口稠密地区

（388）在国际上有一些通用的标准系统，如"ISO 9000"是指（　　）
A. 环境管理标准系统　　　　　　B. 质量管理标准系统
C. 技术管理标准系统　　　　　　D. 品牌管理标准系统

108. 能正确操作或使用本职工作有关的工具或设备。

（389）对从业人员做好本职工作，忠于职守理解正确的是（　　）
A. 遵守行业规范，本机构的各项规章制度
B. 能正确操作或使用本职工作有关的工具或设备
C. 保护本机构的商业机密，不泄漏机构的知识产权和专有技术
D. 自觉维护本机构的形象和声誉
E. 以上都对

109. 注意生产工具的使用年限，知道保养可以使生产工具保持良好的工作状态和延长使用年限，能根据用户手册规定的程序，对生产工具进行诸如清洗、加油、调节等保养。

（390）自行车用一段时间后，前后轮胎调换能延长轮胎寿命。（　　）

（391）有些计时器正常情况下也需要定期进行加油和清洗，如（　　）
A. 机械手表　　　　　　　　　　B. 电子手表
C. 自动手表　　　　　　　　　　D. 电子停表

（392）空调器滤网每隔一段时间需要清洗，一般的间隔时间是（　　）
A. 每四年　　　　　　　　　　　B. 每三年
C. 每二年　　　　　　　　　　　D. 每一年

110. 能使用常用工具来诊断生产中出现的简单故障，并能及时维修。

（393）检测家庭电源插座是否通电的工具是（　　）
A. 小电珠　　　　　　　　　　　B. 25W 灯泡
C. 试电笔　　　　　　　　　　　D. 手电筒

（394）检查燃气管道是否出现了泄漏，不正确的方法是（　　）
A. 检测管道周围的气体成分　　　B. 检测管道的压力变化
C. 用肥皂水涂抹可疑部位　　　　D. 用火检测可疑部位是否有助燃现象

（395）清洗饮水器之前一定要将电源插头拔下。（　　）

（396）对自备一些常用工具来诊断家用产品的故障，你认为（　　）

A. 浪费时间，没有必要　　　　B. 方便自己，有必要
C. 请别人帮忙比较好　　　　　D. 坏了就换新的

111. 能尝试通过工作方法和流程的优化与改进来缩短工作周期，提高劳动效率。

（397）如果你发现"生产流水线"的几个环节不合理，你（　　）
A. 不会思考改进的方法，因为不是管理者或技术人员
B. 不会思考改进的方法，因为没有解决问题的能力
C. 会积极思考改进的方法，因为这是表现自己的机会
D. 会积极思考改进的方法，因为这是员工的职责

（398）在平时的工作中，下列几种做法比较可取的是（　　）
A. 善于发现工作方法和流程的不足并改进
B. 不太能注意到工作方法和流程的不足
C. 善于发现工作方法和流程的不足，但不愿意管
D. 根本不会注意工作方法和流程的不足

二十三、具有安全生产意识，遵守生产规章制度和操作规程。

112. 在劳动中严格遵守安全生产规章制度和操作规程。

（399）一个人的职业道德水平必然体现在对本职工作的（　　）上。
A. 认识　　　　　　　　　　　B. 态度
C. 看法　　　　　　　　　　　D. 热爱

（400）严格遵守安全生产制度不是"安全生产"达标的必要条件。（　　）

（401）严格遵守安全生产制度才能达到"安全生产"的目标。（　　）

113. 了解工作环境与场所潜在的危险因素，以及预防和处理事故的应急措施，自觉佩戴和使用劳动防护用品。

（402）下列哪种行为一般没有安全隐患（　　）
A. 进建筑工地不戴安全帽　　　B. 在加油站里抽烟
C. 乘飞机途中使用手机　　　　D. 在火车上使用电脑

（403）为保证高空作业现场区域的安全，你认为应该采取的措施有（　　）
A. 设置警戒区域　　　　　　　B. 专人看守
C. 放置警示牌　　　　　　　　D. 三者都要

（404）如果你在建筑工地现场工作，有一天上班后发现安全帽不在了，你一般会（　　）
A. 不戴安全帽照常工作　　　　B. 戴其他帽子工作
C. 不让管理人员看见偷偷工作　D. 借其他同事的安全帽

（405）自觉佩戴和使用劳动防护用品是一种责任。（　　）

114. 在生产经营活动中,管理者应加强监督和检查,安全、有效率地组织生产。

(406) 影响生产经营活动成本的因素,你认为最主要的是( )
A. 工资高低　　　　　　　　　B. 市场大小
C. 能源消耗　　　　　　　　　D. 交际费用

(407) 为了有效地组织产品销售,一般可取的方式是( )
A. 限制批发　　　　　　　　　B. 先做广告
C. 降低产量　　　　　　　　　D. 多送礼品

(408) 进行腐蚀品的装卸作业应该戴( )材料的手套。
A. 帆布　　　　　　　　　　　B. 橡胶
C. 棉布　　　　　　　　　　　D. 真皮

(409) 销售的特种劳动防护用品应有产品合格证、特种劳动防护用品标志、标识和( )
A. 产品编号　B. 专利权证　C. 注册商标证　D. 品牌证书

(410) 在生产有毒有害化学产品过程中,符合安全操作要求的是( )
A. 开灯取暖　　　　　　　　　B. 带电作业
C. 无盖存放　　　　　　　　　D. 穿戴工作服

(411) 处理过剩有毒化学物质,只要对本企业环境负责。( )

115. 知道有毒物质、放射性物质、易燃或爆炸品、激光等安全标志。

(412) 发现工地燃气泄漏,要关闭燃气阀门,还要立刻( )
A. 触动电器开关　　　　　　　B. 使用明火
C. 打开通风设施　　　　　　　D. 拨打电话

(413) 危险品标志中有如右图所示的标志,是指( )
A. 放射性物质　　　　　　　　B. 剧毒物品
C. 易燃性物品　　　　　　　　D. 激光危险品

116. 知道生产中爆炸、工伤等意外事故的预防措施,一旦事故发生,能自我保护,并及时报警。

(414) 发生危险化学品泄漏事故后,疏散方向应该是事故地的( )
A. 下风区　　　　　　　　　　B. 上风区
C. 附近　　　　　　　　　　　D. 不知道

(415) 下列危险化学品中,遇水燃烧的物质是( )
A. 甲醇　　　　　　　　　　　B. 硫酸
C. 丙酮　　　　　　　　　　　D. 金属钠

(416) 生产过程中若遇强酸灼伤皮肤,千万不能( )
A. 用纸或布擦去酸液　　　　　B. 用冷水冲洗
C. 用弱碱溶液冲洗　　　　　　D. 用流动自来水冲洗

(417) 在氧气、氢气等气瓶使用中，（　　）范围内不得有火花产生。
A. 3 米　　　　　　　　　　　B. 5 米
C. 10 米　　　　　　　　　　 D. 15 米

(418) 单位一旦发生食物中毒事故后，应该立即采取抢救措施，但注意不能马上（　　）
A. 报告卫生行政部门　　　　　B. 保护事故现场不清扫
C. 继续食用可疑食品　　　　　D. 检验可疑食品及患者排泄物

(419) 单位发生火灾等意外时，要迅速指挥人员逃离现场。（　　）

117. 了解生产活动对生态环境的影响，知道清洁生产标准和相关措施，具有监督污染环境、安全生产、运输等的社会责任。

(420) 在小区中，因为支付了物业费，也就是已经花钱购买服务，因此可不再承担维护环境的责任。（　　）

(421) 爱护环境是每一个公民的职责。（　　）

(422) 废旧电池属于（　　）
A. 可回收垃圾　　　　　　　　B. 装修垃圾
C. 有害垃圾　　　　　　　　　D. 厨房垃圾

(423) 为提高农作物的产量，超量施用化肥，这并不会带来（　　）
A. 化肥浪费　　　　　　　　　B. 水质污染
C. 土壤质量恶化　　　　　　　D. 经济持续发展

(424) 为做到节约发展和清洁发展，下列不被推崇的行为是（　　）
A. 循环利用　　　　　　　　　B. 多层包装
C. 低碳发展　　　　　　　　　D. 无害处理

(425) 从保护人类的生态环境考虑，目前在生产活动中应该大力提倡使用的能源是（　　）
A. 煤炭　　　　　　　　　　　B. 天然气
C. 太阳能　　　　　　　　　　D. 石油

(426) 大型企业抓盈利是大事，不必抓节能节电这些小事。（　　）

(427) 清洁生产，不为保护人类，而为保护环境。（　　）

(428) 企业产品包装不应该使用（　　）
A. 可回收利用材料　　　　　　B. 可重复使用材料
C. 可再生的材料　　　　　　　D. 低成本塑料材料

(429) 下列不是与"节能减排"技术相关的产品是（　　）
A. 节能灯　　　　　　　　　　B. 利用乙醇为燃料的汽车
C. 太阳能热水器　　　　　　　D. 直接利用煤炭的锅炉

(430) 对于劳动过程中出现的安全隐患，你的态度是（　　）
A. 安全隐患当前很普遍，一般不会马上出现问题

B. 如果还不严重到影响生产，就应当以完成生产任务为主

C. 向上级部门反映并且及时采取恰当的措施

D. 停产等待上级来解决

（431）下面劳动过程中最可能破坏环境的是（   ）

A. 招收农村劳动力　　　　　　　B. 大量使用矿物原燃料

C. 使用粪便等有机肥料　　　　　D. 控制废气废渣排放量

二十四、掌握常见事故的救援知识和急救方法。

118. 了解燃烧的条件，知道灭火的原理，掌握常见消防工具的使用和在火灾中逃生自救的一般方法。

（432）受火势威胁时，可披上浸湿衣物、被褥向安全出口方逃离。（   ）

（433）发生火灾时，以下哪种逃生做法不正确（   ）

A. 用湿毛巾捂着嘴巴和鼻子

B. 弯着身子快速跑到安全地点

C. 躲在床底下等待消防人员救援

D. 马上从最近的消防通道跑到安全地点

（434）在高楼发生火灾时，可选择乘电梯逃离。（   ）

（435）下列因素不属于火灾发生的必要条件是（   ）

A. 有燃烧的物品　　　　　　　　B. 有火源

C. 有空气　　　　　　　　　　　D. 缺乏水源

（436）防止火灾发生就需要掌握灭火的原理，如（   ）

A. 降低温度　　　　　　　　　　B. 隔绝空气

C. 增加水源　　　　　　　　　　D. 减少可燃物

（437）家里油锅着火了，不正确的灭火方法是（   ）

A. 盖上锅盖　　　　　　　　　　B. 往锅里浇水

C. 关掉煤气阀　　　　　　　　　D. 减少可燃物

119. 了解溺水、异物堵塞气管等紧急事件的基本急救方法。

（438）不游泳的人不必掌握溺水急救的方法。（   ）

（439）不会游泳的人如果落水了，采取自救的方法应该是（   ）

A. 手上举，口向下，拍打水面　　B. 头后仰，口向上，口鼻露出水面

C. 身体下沉，往河边爬　　　　　D. 脱掉衣服，减少体重

（440）异物堵塞气管时，首先考虑的是马上将异物排除出气管。（   ）

（441）下列是在溺水者被救起后需要采取的抢救措施，最先要做的是（   ）

A. 清除口鼻中泥沙污物，把舌头拉出，保持呼吸道通畅

B. 让溺水者俯卧，腹垫高，压其背部排出肺和胃内积水

C. 立即进行人工呼吸和胸外心脏按压

D. 立即送医院继续进行复苏后的治疗

120. 选择环保建筑材料和装饰材料，减少和避免苯、甲醛、放射性物质等对人体的危害。

（442）对于家庭装潢中的涂料、石材安全性的了解途径，最准确的是（　　）
A. 看广告宣传　　　　　　　　B. 听经销商介绍
C. 找专业鉴定　　　　　　　　D. 凭自己经验

（443）以下哪种做法，不能有效去除室内装潢产生的甲醛（　　）
A. 摆放绿色植物　　　　　　　B. 摆放煤炭块
C. 开窗通风　　　　　　　　　D. 用稀释过的白酒擦家具

（444）人工合成的板材一定没有天然的松木木板安全性高。（　　）

（445）新房装潢好后不要马上入住，这主要是因为新房还需要（　　）
A. 养护门窗墙壁　　　　　　　B. 释放有害气体
C. 防止地基沉降　　　　　　　D. 增加抗震强度

（446）在选择装潢材料时，一般首先考虑（　　）
A. 价格便宜　　　　　　　　　B. 环保安全
C. 美观时尚　　　　　　　　　D. 知名品牌

（447）家庭装潢中对地板的选择，最符合经济实惠要求的是（　　）
A. 原木地板　　　　　　　　　B. 复合地板
C. 竹木地板　　　　　　　　　D. 以上都是

121. 了解有害气体泄漏的应对措施和急救方法。

（448）如燃气中毒人员处于无知觉状态，以下救护方法中，不正确的是（　　）
A. 将其平放　　　　　　　　　B. 擦拭口腔
C. 进行人工呼吸　　　　　　　D. 向口中灌水

（449）在室内发现一氧化碳气体（煤气及天然气）中毒人员，以下行为最危险的是（　　）
A. 开窗　　　　　　　　　　　B. 开灯
C. 移动患者　　　　　　　　　D. 关闭气体开关

122. 了解毒蛇、狂犬咬伤等紧急事件的基本急救方法。

（450）被狗咬伤后，下列行为中最不可取的是（　　）
A. 及时清洗伤口　　　　　　　B. 挤压周围组织排出毒液
C. 马上包扎伤口　　　　　　　D. 到附近医疗就诊

（451）被自养的宠物狗咬伤不需要到医院注射狂犬疫苗。（　　）

（452）被毒蛇咬伤后，对伤员采取不正确的措施有（　　）
A. 按摩咬伤部位　　　　　　　B. 挤压伤口
C. 用绳带结扎在伤口上方　　　D. 冲洗伤口

二十五、掌握自然灾害的防御和应急避险的基本方法。

123. 了解我国主要自然灾害的分布情况，知道本地区常见自然灾害。

（453）下列地区中，泥石流分布较为广泛的是（　　）
A. 广东、广西的大部分地区　　B. 山东、浙江的大部分地区
C. 四川西部、云南西部地区　　D. 甘肃西部、内蒙古西部地区

（454）我国泥石流主要发生在（　　）
A. 高原　　B. 山区
C. 草原　　D. 平地

（455）我国东南沿海浙江、江苏、福建、广东、台湾、上海等地常受到风暴潮侵袭，容易出现的季节是（　　）
A. 春夏季　　B. 夏秋季
C. 冬春季　　D. 四季都有

（456）地震发生的原因是由于地球上的圈层活动，这个圈层是（　　）
A. 岩石圈　　B. 生物圈
C. 水圈　　D. 生态圈

（457）我国下列省区中，地震发生最频繁的是（　　）
A. 四川　　B. 台湾
C. 云南　　D. 青海

124. 了解地震、滑坡、泥石流、洪涝、台风、雷电、沙尘暴、海啸等主要自然灾害的特征及应急避险方法。

（458）台风影响长江三角洲地区的时间大致在（　　）
A. 春夏之际　　B. 夏秋之际
C. 秋冬之际　　D. 常年都有

（459）海啸是发生于海底的地震引起的。（　　）

（460）洪水的发生与强降雨有关，与连续降雨无关。（　　）

（461）遇到雷雨天，以下哪一项室外行动最危险（　　）
A. 躲在屋檐下　　B. 躲在树下
C. 躲在车里　　D. 使用手机

（462）地震发生后，留在室内什么地方最安全（　　）
A. 卧室　　B. 卫生间
C. 大门　　D. 阳台

（463）人们在避震或遭遇建筑物垮塌时，在"自救瞬间"首先选择的保护动作应该是（　　）
A. 双手先保护头部　　B. 设法先保护胸部
C. 先保护柔软的腹部　　D. 保护四肢

（464）当地震发生时，如果在楼房里面，应如何避震（   ）

   A. 躲在桌子等坚固家具的下面、墙角或小开间

   B. 乘坐电梯快速撤离

   C. 去阳台或楼道

   D. 跳窗、跳楼

125. 能够应对主要自然灾害引发的次生灾害。

（465）地震发生后经常会引发次生灾害，以下哪项不是地震后的次生灾害（   ）

   A. 滑坡   B. 塌方

   C. 降雨   D. 堰塞湖

（466）为了安全地震灾区的防震棚应搭建在（   ）

   A. 交通要塞两侧   B. 较为开阔地带

   C. 山边、塬坡   D. 河边、水源地附近

二十六、了解环境污染的危害及其应对措施，合理利用土地资源和水资源。

126. 知道大气和海洋等水体容纳废物和环境自净的能力有限，知道人类污染物排放速度不能超过环境的自净速度。

（467）"先污染、后治理"对贫穷地区的经济发展是合适的。（   ）

（468）人类生活与生产无法不排放污染物，但行为准则要遵循（   ）

   A. 环境再造力   B. 环境自净力

   C. 生活的需要   D. 生产的需要

（469）环境的承载能力是有限的。（   ）

（470）我国东南沿海地区人多地少，西北内陆地区人少地多，所以应该向西部地区大量移民。这一主张是（   ）

   A. 有利于人地协调发展   B. 有利于人口均衡分布

   C. 不符合经济布局原理   D. 不符合环境承载力分布

（471）对于提倡"绿色GDP"作为发展指标，您的看法是（   ）

   A. 很有必要   B. 不太有必要

   C. 没有必要   D. 不清楚

（472）人类在获取环境中物质与能量的同时，还要做到向环境（   ）

   A. 不排放废弃物   B. 控制排放废弃物

   C. 归还物质能量   D. 释放防污染气体

（473）推广低碳交通工具符合大气环境自净能力限度的规律。（   ）

（474）水体的净化能力是有限的，下列最容易超过限度的行为是（   ）

   A. 发展水产养殖业   B. 建设围湖造田工程

   C. 快速排放废污水   D. 造水库控制水流速

（475）近年来赤潮在我国时有发生，当赤潮发生时，海水中的某些微小浮游生物大量繁殖，使水体呈红、紫等颜色，并对生物造成危害。下列说法不正确的是（　　）

  A. 赤潮是水体富营养化的结果

  B. 含磷洗涤剂广泛使用与排放是发生赤潮的主要原因之一

  C. 在封闭的海湾更易发生赤潮

  D. 赤潮的发生是与人类活动无关的自然现象

（476）油轮发生泄油事故，在泄油区鱼类迅速死亡，关于死亡的原因，有以下几种说法：①油膜覆盖海面，水中变得异常黑暗，鱼类缺少必要光照；②油膜覆盖水面，海水中缺氧，鱼类窒息；③海水严重污染，某些鱼类中毒；④石油比较黏稠，鱼类难以运动。其中正确的说法组合有（　　）

  A. ①②　　　　　　　　　　B. ①④

  C. ②③　　　　　　　　　　D. ①②③④

127. 知道大气污染的类型、污染源与污染物的种类，以及控制大气污染的主要技术手段。能看懂空气质量报告。知道清洁生产和绿色产品的含义。

（477）在天气预报中，污染指数为 101~200，表示空气质量状况（　　）

  A. 优　　　　　　　　　　　B. 中度污染

  C. 良　　　　　　　　　　　D. 轻度污染

（478）空气质量的高低，一方面受自然因素的影响，另一方面还受（　　）影响。

  A. 气压高低　　　　　　　　B. 风力大小

  C. 沙漠远近　　　　　　　　D. 人类活动

（479）PM2.5 是（　　）指标。

  A. 下午两点半的空气质量　　B. 可吸入肺的颗粒物

  C. 风速　　　　　　　　　　D. 大气压力

（480）目前大多数情况下，在特大城市的中心城区，最普遍、最严重的大气污染源是（　　）

  A. 汽车尾气　　　　　　　　B. 工业废气

  C. 商业废气　　　　　　　　D. 生活废气

（481）酸雨能毁坏森林，酸化湖泊，腐蚀建筑物。（　　）

（482）下列关于环境问题的因果关系中，根据你的判断，不符合逻辑推理的是（　　）

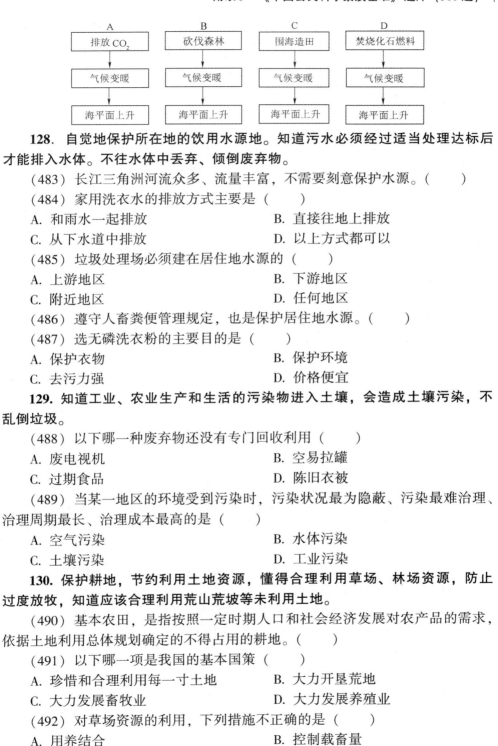

128. 自觉地保护所在地的饮用水源地。知道污水必须经过适当处理达标后才能排入水体。不往水体中丢弃、倾倒废弃物。

（483）长江三角洲河流众多、流量丰富，不需要刻意保护水源。（　　）

（484）家用洗衣水的排放方式主要是（　　）
A. 和雨水一起排放　　　　　　B. 直接往地上排放
C. 从下水道中排放　　　　　　D. 以上方式都可以

（485）垃圾处理场必须建在居住地水源的（　　）
A. 上游地区　　　　　　　　　B. 下游地区
C. 附近地区　　　　　　　　　D. 任何地区

（486）遵守人畜粪便管理规定，也是保护居住地水源。（　　）

（487）选无磷洗衣粉的主要目的是（　　）
A. 保护衣物　　　　　　　　　B. 保护环境
C. 去污力强　　　　　　　　　D. 价格便宜

129. 知道工业、农业生产和生活的污染物进入土壤，会造成土壤污染，不乱倒垃圾。

（488）以下哪一种废弃物还没有专门回收利用（　　）
A. 废电视机　　　　　　　　　B. 空易拉罐
C. 过期食品　　　　　　　　　D. 陈旧衣被

（489）当某一地区的环境受到污染时，污染状况最为隐蔽、污染最难治理、治理周期最长、治理成本最高的是（　　）
A. 空气污染　　　　　　　　　B. 水体污染
C. 土壤污染　　　　　　　　　D. 工业污染

130. 保护耕地，节约利用土地资源，懂得合理利用草场、林场资源，防止过度放牧，知道应该合理利用荒山荒坡等未利用土地。

（490）基本农田，是指按照一定时期人口和社会经济发展对农产品的需求，依据土地利用总体规划确定的不得占用的耕地。（　　）

（491）以下哪一项是我国的基本国策（　　）
A. 珍惜和合理利用每一寸土地　B. 大力开垦荒地
C. 大力发展畜牧业　　　　　　D. 大力发展养殖业

（492）对草场资源的利用，下列措施不正确的是（　　）
A. 用养结合　　　　　　　　　B. 控制载畜量
C. 发展种植业　　　　　　　　D. 防止过度放牧

131. 知道过量开采地下水会造成地面沉降、地下水位降低、沿海地区海水倒灌。选用节水生产技术和生活器具，知道雨水、中水的合理利用；关注公共场合用水的查漏塞流。

（493）我国许多沿海城市出现的"水荒"问题，主要是因为（　　）
A. 水资源总量缺乏　　　　　　B. 人口太多
C. 水质污染而缺水　　　　　　D. 气候变干

（494）将家里水龙头换成节约型的，你的观点是（　　）
A. 赞成，但价格贵不想换　　　B. 赞成，从长远看合算
C. 不赞成，只要节约用水就行　D. 不赞成，换下是浪费

（495）地处渤海之滨的河北沧州市，水资源供应十分紧张，经济发展受到限制。为解决供水问题不得不超采地下水，成为我国"成长"最快的地下水漏斗群之一。沧州市市中心地面整体沉降已达1.68米。以下不属于河北沧州的地下漏斗群可能造成危害的是（　　）
A. 引起地面沉降，危及建筑物安全
B. 导致地下水污染并引发构造地震
C. 影响当地经济的可持续发展
D. 将导致当地年降水量大幅度减少

（496）早在1977年联合国就向全世界发出警告，继石油危机之后的下一个危机便是（　　）危机。
A. 煤　　　　　　　　　　　　B. 水
C. 森林　　　　　　　　　　　D. 粮食

（497）开发利用水资源，应当统筹安排地表水和地下水，优先利用地表水，合理开采浅层地下水，严格控制开采深层地下水。（　　）

（498）水资源的可持续利用是我国经济社会发展的战略问题，核心是提高用水效率，把节水放在突出位置。要加强水资源的规划和管理，协调生活、生产和生态用水。（　　）

132. 具有保护海洋的意识，知道合理开发利用海洋资源的重要意义。

（499）下列叙述正确的是（　　）
A. 海洋化学资源开发达到工业规模的有食盐、镁、溴、锰结核等
B. 人类海洋捕捞已从近海扩展到世界各个海域
C. 海洋渔业资源主要集中在深海海域
D. 海水运动蕴藏着巨大能量，无污染，密度大

（500）碘是人体必需的微量元素之一。目前提取碘一般以什么为原料（　　）
A. 贝壳　　　　　　　　　　　B. 海藻
C. 海水　　　　　　　　　　　D. 鱼骨

附：参考答案

1	2	3	4	5	6	7	8	9	10
A	D	C	D	T	B	A	C	C	B
11	12	13	14	15	16	17	18	19	20
A	B	D	B	B	B	B	D	T	T
21	22	23	24	25	26	27	28	29	30
T	F	A	C	C	B	T	T	T	T
31	32	33	34	35	36	37	38	39	40
T	D	T	C	B	D	C	T	B	B
41	42	43	44	45	46	47	48	49	50
D	T	T	F	B	D	A	B	C	D
51	52	53	54	55	56	57	58	59	60
F	D	C	B	T	F	D	C	F	T
61	62	63	64	65	66	67	68	69	70
C	A	D	C	T	D	C	B	D	T
71	72	73	74	75	76	77	78	79	80
D	A	C	B	D	T	F	C	C	F
81	82	83	84	85	86	87	88	89	90
A	B	C	F	C	A	T	F	F	T
91	92	93	94	95	96	97	98	99	100
D	T	A	T	F	C	F	C	T	F
101	102	103	104	105	106	107	108	109	110
D	A	B	A	D	T	F	B	T	F
111	112	113	114	115	116	117	118	119	120
B	C	A	B	C	C	C	D	D	A
121	122	123	124	125	126	127	128	129	130
A	B	C	C	C	D	A	A	B	D
131	132	133	134	135	136	137	138	139	140
C	D	C	A	D	A	B	C	D	T
141	142	143	144	145	146	147	148	149	150
C	A	B	F	A	B	A	C	C	A
151	152	153	154	155	156	157	158	159	160
B	A	C	C	F	C	B	A	A	A
161	162	163	164	165	166	167	168	169	170

续表

T	C	D	D	D	B	F	B	B	A
171	172	173	174	175	176	177	178	179	180
A	T	B	C	C	A	A	T	C	B
181	182	183	184	185	186	187	188	189	190
A	C	B	F	D	A	A	B	D	F
191	192	193	194	195	196	197	198	199	200
C	D	B	A	A	B	T	A	B	C
201	202	203	204	205	206	207	208	209	210
C	D	D	B	D	F	B	C	C	B
211	212	213	214	215	216	217	218	219	220
C	C	A	B	F	D	C	A	D	A
221	222	223	224	225	226	227	228	229	230
C	B	D	C	B	T	D	C	C	A
231	232	233	234	235	236	237	238	239	240
C	D	B	C	B	A	B	F	F	A
241	242	243	244	245	246	247	248	249	250
T	T	A	B	C	A	C	B	D	B
251	252	253	254	255	256	257	258	259	260
T	T	C	A	F	A	C	C	D	B
261	262	263	264	265	266	267	268	269	270
C	B	T	A	A	T	D	T	F	B
271	272	273	274	275	276	277	278	279	280
A	T	A	D	C	B	D	T	F	B
281	282	283	284	285	286	287	288	289	290
A	D	B	C	B	T	A	B	T	T
291	292	293	294	295	296	297	298	299	300
T	F	B	B	D	D	T	D	T	T
301	302	303	304	305	306	307	308	309	310
T	C	T	F	C	A	C	T	A	D
311	312	313	314	315	316	317	318	319	320
D	T	D	C	F	C	T	D	D	B
321	322	323	324	325	326	327	328	329	330
D	C	A	B	B	D	A	F	D	B
331	332	333	334	335	336	337	338	339	340

续表

341	342	343	344	345	346	347	348	349	350
D	F	A	A	F	A	D	A	A	B
351	352	353	354	355	356	357	358	359	360
A	T	C	A	T	A	D	T	D	T
361	362	363	364	365	366	367	368	369	370
F	D	B	T	C	D	D	D	F	B
371	372	373	374	375	376	377	378	379	380
C	D	B	B	F	T	C	T	D	A
381	382	383	384	385	386	387	388	389	390
A	C	D	D	C	A	D	T	C	B
391	392	393	394	395	396	397	398	399	400
A	T	C	D	C	D	D	B	E	T
401	402	403	404	405	406	407	408	409	410
A	D	C	D	T	B	D	A	B	F
411	412	413	414	415	416	417	418	419	420
T	D	D	D	T	C	B	B	C	D
421	422	423	424	425	426	427	428	429	430
F	C	B	B	D	A	C	C	T	F
431	432	433	434	435	436	437	438	439	440
T	C	D	B	C	F	F	D	D	C
441	442	443	444	445	446	447	448	449	450
B	T	C	F	D	B	B	F	B	T
451	452	453	454	455	456	457	458	459	460
A	C	B	F	B	B	B	D	B	C
461	462	463	464	465	466	467	468	469	470
F	A	C	B	B	A	B	B	T	F
471	472	473	474	475	476	477	478	479	480
D	B	A	A	C	B	F	B	T	D
481	482	483	484	485	486	487	488	489	490
A	B	T	C	D	C	D	D	B	A
491	492	493	494	495	496	497	498	499	500
T	C	F	C	B	T	B	C	C	T
A	C	C	B	D	B	T	T	B	B

参考文献

报告类

［1］《全民科学素质行动计划纲要（2006—2010—2020 年）》
［2］《国家创新驱动发展战略纲要》
［3］《中国公民科学素质基准》
［4］《中国公民科学素质调查研究报告 2020》
［5］《中国公民科学素质报告（2017—2018）》
［6］《中国公民科学素质报告（2015—2016）》

著作类

［1］杨文志. 公民科学素质建设的中国模式［M］. 北京：中国科学技术出版社，2018.
［2］郭传杰，汤书昆. 公民科学素质测评的理论与实践［M］. 北京：科学出版社，2009.
［3］中国科普研究所. 中国科普理论与实践探索［M］. 北京：科学出版社，2019.
［4］张超，等. 中国公民科学素质报告（第四辑）［M］. 北京：中国科学技术出版社，2018.
［5］周霞，等. 广东全民科学素质调查评估及监测［M］. 北京：中国经济出版社，2012.
［6］苏家琼. 中国科学素质教育政策的反思与建构研究［M］. 北京：科学出版社，2017.

期刊文献类：

［1］J. D. Miller. Scientific Literacy：A Conceptual and Empirical Review［J］. Daedalus，1983，112（2）：29 - 48.
［2］J. D. Miller. The Measurement of Civic Scientific Literacy［J］. Public Understand. Sci，1998（7）：203 - 223.
［3］张晓芳. 论 Miller 的 PUS 研究思路［J］. 科学学与科学技术管理，2003（11）：57 - 60.

［4］吴晨生，张小明，王珉，等．提升我国公民科学素质的路径选择［J］．科学，2009（11）：50－53．

［5］李红林．公民科学理解的理论演进——以米勒体系为线索［J］．自然辩证法研究，2010（3）：85－90．

［6］陈发俊．我国公民科学素质测评存在的问题与对策［J］．中国科技论坛，2009（5）：114－117．

［7］李大光．中国公民科学素质研究20年［J］．科技导报，2009（7）：104－105．

［8］陈晓慧，潇明．武汉市公民科学素质的性别差异研究［J］．武汉理工大学学报（信息与管理工程版），2008（4）：289－292．

［9］袁汝兵，吴循．各省（市）公民科学素质调查综述［J］．中国科技论坛，2007（5）．98－100．

［10］张鹏，赵卓慧．2005年广东公民科学素质调查分析［J］．科技管理研究，2006（10）：253－255．

［11］许佳军，等．中国公民科学素质调查与研究［J］．中国软科学，2014（11）：162－169．

［12］汤书昆，等．中国公民科学素质测评指标体系研究［J］．科学学研究，2008（2）：78－84．

［13］张超，等．中国公民科学素质测度解读［J］．中国科技论坛，2013（7）：112－116，128．

［14］何薇，等．中国公民科学素质及对科学技术的态度［J］．科普研究，2016（3）：12－21．

［15］任磊，等．中国公民科学素质及其影响因素模型的构建与分析［J］．科学学研究，2013（7）：983－990．

［16］高宏斌．公民科学素质基准的建立：国际的启示与我国的探索［J］．中国科学，2016（17）：1847－1856．

［17］郭凤林，高宏斌．科学素质概念的发展理路与实践形态［J］．中国科技论坛，2020（03）：174－180．

［18］黎娟娟，何薇，刘颜俊．科学素质：社会治理的微观基础［J］．科普研究，2020，15（04）：40－46＋54＋106－107．

［19］任磊，王挺，何薇．构建新时代公民科学素质测评体系的思考［J］．科普研究，2020，15（04）：16－23＋39＋105．

［20］何薇．从继承到创新：公民科学素质监测评估的中国道路［J］．科普研究，2019，14（05）：15－22＋33＋108．

［21］任磊，张超，黄乐乐，何薇．我国公民科学素质监测评估的新发展和新趋势［J］．科普研究，2017，12（02）：41－46＋106－107．